第一次品白茶就上手

White Tea

人人学茶

图解版

第3版

秦梦华 著

旅游教育出版社
·北京·

再品白茶

十年前白茶易辨，现不易。那时只需鉴别茶味、茶形、茶汤，现品白茶首先需分析故事真伪，再辨析产地归属、年份虚实、用料纯杂……白茶，源头乃一方纯净的池塘，被时间拓成一条通往远洋的大江，爱白茶的我们，不如顺着涛涛江流做一次白茶之旅，从绿荫下的池塘起航。

白茶之简单、纯净，不仅是工艺的简单，更是滋味的干净、清雅。品一杯新白茶，似饮茶叶上的甘露，它蓄积一夜月色，凝成水滴，悠悠入心脾，白茶的诗意如写意淡墨画，留白处亦蘸满深情。无论是福鼎白茶还是政和白茶，一律把山中的春色收进茶中，茶叶浮沉翻飞，茶色呈淡淡杏黄色，茶香不急不缓慢慢释放，甜香、草香、花香……仔细品可感到丝丝的泥土味，因采撷于遥远的山石，空阔而清凉。滋味的感觉正是新白茶茶性，中医认为新茶偏寒，体质偏弱者，不宜贪杯。

古时做白茶，靠天，焙茶用炭，也有用草木灰的。现加工白茶设备融入了现代化科技，不仅可应对恶劣的天气，连日光光谱都在尝试模拟，品品香、绿雪芽等知名白茶厂家便研发、引进这样的高科技设备，对茶品质的稳定性有了一定保证，制茶效率大幅提升。工艺的基础理论依然是萎凋和干燥，白茶工艺说到底是鲜叶的失水过程，达到可存放的目的，但运用不同方法直接影响茶叶品质。是室外日光自然萎凋还是室内萎凋，是加入现代化科技的萎凋槽萎凋还是仅仅在室内摊晾，干燥的方法是传统炭焙还是用机器烘干，如此各样的差异，形成茶叶的不同口感，也影响后期陈化过程中滋味的转变。对于白茶，可认为存储是白茶工艺的一个后续，是不可或缺的一个重要环节，如此，存储容器用什么材质显得至关重要。纸箱、木盒、陶罐、紫砂缸、铁罐……容器材料不同，茶味各异，因为影响茶转变的不仅是空气、水分，还有容器材料气味也会对白茶有直接影响，白茶极易被异味所侵。再者，由于各材料的不同，密封性有差异，这就直接影响存储茶中的水分和空气含量。所以存茶容器的重要性不言而喻。存放地点对老白茶品质的形成也不可忽视，因为各个地方的气候不同，气温差异、空气中水分含量差异等等因素，形成了不同的老茶味。喜欢干香的茶友可找一直在北京存放的白茶，喜欢茶色转化明显，汤色红亮，就去寻南方存放的茶，但有个重要前提，茶，一定是存储得当没有变质的，不可一味追求年份。

白茶制作简单，近几年市场需求大，于是很多地域也在尝试做白茶，这样对于品饮者亦喜亦忧，一方面有更多品种的白茶供挑选，品种更丰富了，但是若想找到真正的福鼎白茶和政和白茶，或希望找到特定小区域生产的白茶，会增加挑选难度，如一定要喝管阳和磻溪的白茶则需要更费心思。在专门的茶叶市场一般会明示，但大部分零售茶庄只含糊地写"白茶"，寻白茶者喝到云南的月光白或者江浙的绿茶也难免。所以在白茶市场持续升温时，对喝白茶人的茶知识要求相应提高，若想找到一款合心意的白茶，需腾出一点学习时间，对白茶有个大概的了解，然后再辨别口味差异，找一款喜欢的茶味。白茶紧压茶尤其难辨别产地和年份，需看，品，比对。

产地的不断扩大，让白茶有了更丰富的内容，更宽广的挑选空间，但理论上说，适制白茶的树种并不多，能有白茶功效和存放价值的也不过是福鼎大白、福鼎大毫以及政和大白和政和大毫，故需白茶品饮者在选自己喜欢的口感时，还要选对茶品。

白茶紧压茶的制作从2007年开始推向市场，最初主要从方便运输、存储计，但无意中发现，紧压可加速白茶的发酵，提高适饮程度，对于胃寒的茶友是福音。五年之内的年轻白茶尤其明显，三年散茶尚有青涩寒凉，但做成饼茶则明显温和醇厚，要是茶料品质高，还可出蜜香。现在市面的紧压茶形状很多，有饼茶、砖茶、巧克力形状、迷你沱等，给饮茶人提供更多便捷的品茶体验，同时也增加了挑选难度。挑选紧压茶关键是品茶汤、看叶底，好茶的叶底茶色匀净，饱满。

散白茶、紧压白茶、产地、产区、厂家、年份、存储地以及存储方式，再加上是否为春茶、头采、白露茶、野生茶、高海拔、传统工艺这些因素的加入，使原本简单的白茶变得扑朔迷离，一杯茶的信息量足以纵观千年、横跨五洲，这是事实。所以很多白茶行家每每面对茶友拿来茶样请鉴别，也连连推托，直说喜欢就好。这是极中肯的建议。

茶，原本就是饮用，即便经过食用、药用、泡饮几个历史经纬，到底还是入口的感觉最直接，人有与生俱来的分辨能力，是天赐的保护自己的方法。茶的好坏从颜色、香气、滋味、体感都可分辨，经常品饮白茶的人，味觉嗅觉格外敏锐。所有外在的标签只能作为品鉴参考，就茶论茶，真实感受，是为茶道。

冲泡的方式，更是可以随个人喜好而定，若严格按照茶性来定泡法，又有诸多要求，如泡茶器皿材质、形状的挑选，水的来源以及酸碱度，热源的要求，是炭火还是电陶炉，煮水的器皿需要因茶而定，如此等等，若有此爱好者，可享受过程中的乐趣。泡茶有时如孩童过家家，其乐无穷。泡茶法、养壶、品茶味、闻茶香，这其中的学问有生命无常的道理，人走茶凉的人情，古树老茶的能量说……

在白茶奔流的浪涛中，我们是捧着茶杯的水手，又是片片洁白的浪花，无论河流奔流到哪儿，依然装着心安的故乡。

心安是福，茶中百味可安爱茶人的心，岂不是茶中有福，福在杯中。一杯好茶入喉、入腹，熨帖周身，哪里还分得清身在地球的哪方，这定是人们说的已在世界的顶端和幸福的极致。

回到绿荫下的池塘，泉水潺潺，雾霭层叠，看白茶主产地——福鼎和政和，不如用其谐音解“福顶”“正和”，是白茶的原意亦是爱茶人的心愿呢。

目　录
CONTENTS

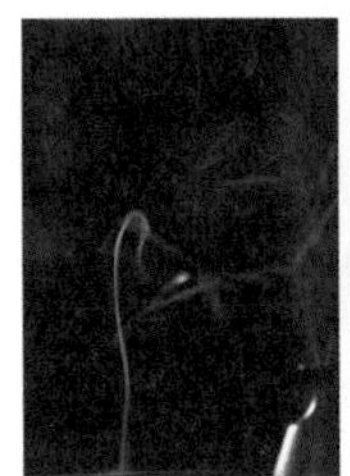

第三章　接天连地，恰那时相识——白茶的家谱

第四章　雕刻年轮——老白茶

第五章 至真至简，至纯至淡——白茶的加工

第六章 唤醒沉睡的太阳——白茶冲泡技巧

第九章 满地翠英，心落哪方——如何挑选白茶

第十章 千年留白后的今天——白茶的现状

第十一章 漂洋过海来看你——海外白茶寻踪

附 录

第一章

神农，上古的白茶，可是这味？

——溯源白茶

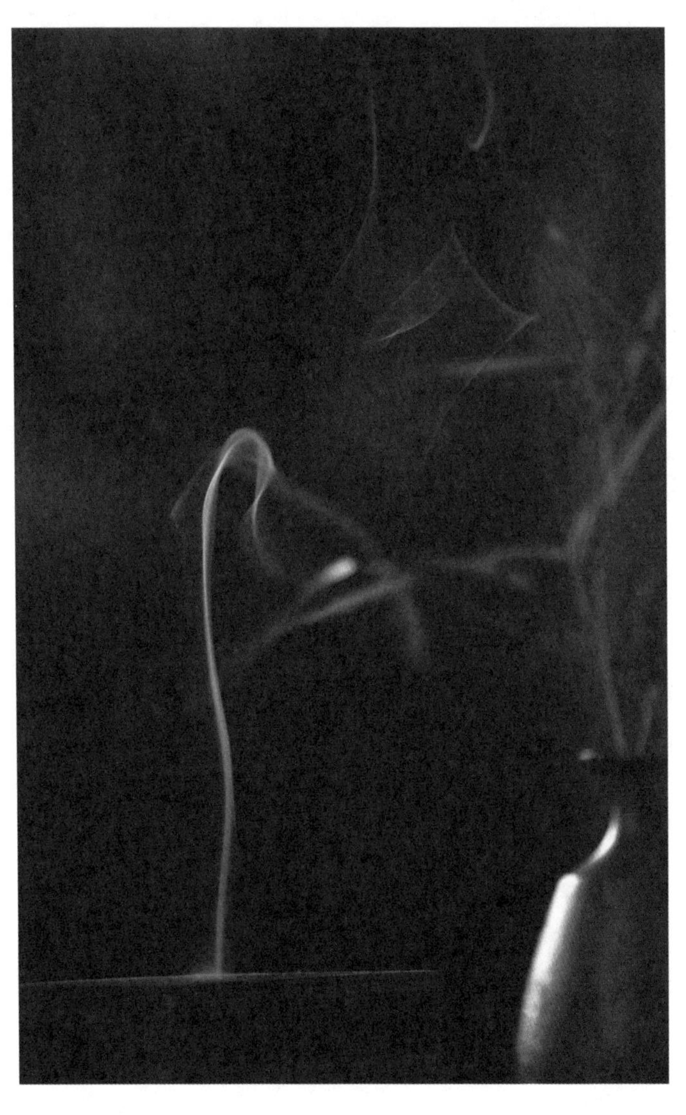

白茶，淡香清韵，乃茶中的隐者。据记载，远古年代的神农尝百草，日遇七十二毒，得茶而解，说的就是白茶，一款不炒不揉的茶，有最原始而自然的清香，有最完整的天地凝结的芳华。茶味幽然，从容得如一智者，不紧不慢地释放着久蕴的香，返璞归真般，有远古的气息，有淡定的禅味。

白茶的概述

白茶是传统的六大茶类之一，制法独特，不炒不揉；成茶，因其成品茶多为芽头，外表披满白毫，如银似雪，呈白色，故称“白茶”。

明朝李时珍认为：茶生于崖林之间，味苦，性寒凉，具有解毒利尿少寝解暑下气消食止头痛等功效（见《本草纲目》）。古代和现代医学证明，白茶是保健功效最全面的一个茶类，具有抗辐射、抗氧化、抗肿瘤、降血压、降血糖、降血脂的功能。中医药理证明，白茶性清凉，具有退热降火之功效，白茶产地福建人还用白茶治疗小孩的麻疹、皮肤疾病、牙痛等，白茶几乎成为家庭药箱必备之物。

白茶的发现和被饮用早于绿茶两千多年，上古时代人们运用自然晾晒制草药的方法仓储茶叶，这也是今天传统白茶所延续的制作工艺。白茶制茶工艺自然，原料经日光萎凋和文火足干，形成了形态自然、芽叶完整、茸毫密披、色白如银的成茶。

白茶因采摘标准不同而分为白毫银针、白牡丹、贡眉、寿眉。其中，白毫银针，是白茶中的极品，位居中国十大名茶之列。

白茶主要产于福建的福鼎、政和、建阳、松溪等地，是福建特有的茶类之一。

白茶，亦称“侨销茶”，昔日，品白茶，是贵族身份的象征。

长期以来，白茶主要远销香港、澳门地区，以及德国、日本、荷兰、法国、印尼等地，而内销极少，所以国人对白茶的了解不多。

独特的加工工艺，独特的产地环境，独特的大白茶品种造就了白茶外表天然素雅，而内质清甜爽口的独特品质。

于是，有人将白茶归为“三色”“三极”“三变”。茶的“三色”：鲜叶呈乳白色，干茶镶金黄色，叶底现玉白色；品的“三极”：汤极翠、味极仙、香极幽；味的“三变”：一泡香鲜、二泡醇爽、三泡清甜。尤其是白毫银针，全是披满白色茸毛的芽尖，形状挺直如针，在众多的茶叶中，它是外形最优美者之一。其汤色浅黄，鲜醇爽口，饮后令人回味无穷。

白茶的出现

中国茶，大小名目，不下万种，按国际通用的分类标准，分为绿茶、白茶、青茶（乌龙茶）、黄茶、黑茶、红茶，其分类依据是加工工艺。各种茶类都有自己的核心工艺，绿茶的核心工艺便是杀青，白茶是萎凋，乌龙是做青，黄茶的关键工艺是闷黄，黑茶是渥堆，红茶是发酵。了解各类茶的核心工艺，就不难理解各类茶的不同。若按照发酵程度来分，绿茶为不发酵茶，白茶为微发酵茶，黄茶为轻发酵茶，青茶为半发酵茶，红茶是全发酵茶，而黑茶为后发酵茶。

绿茶，是我国历史上公认出现最早的茶类，根据杀青方式和最终的干燥方式不同，分为炒青绿茶、晒青绿茶、烘青绿茶和蒸青绿茶。我国自唐代以来便采用蒸汽杀青的方法制造团茶，后来又出现蒸青散茶。到了明代，我国又发明了炒青、烘青的制法，才逐渐淘汰了蒸青。在中国十大名茶里，绿茶所占比重较大，如江苏碧螺春、西湖龙井、黄山毛峰、太平猴魁、信阳毛尖，这半壁的江山都让绿茶占了，绿茶在国人心中的地位由此可见一斑。

白茶，产于福建，古法制作，只萎凋、干燥、后藏之。品种有白毫银针、白牡丹、寿眉、贡眉等，具败火、清热解毒之功用。白茶以出口为主，国人知之甚少，在欧美，白茶被称为“女人茶”，其美容功效可见一斑。近来，关于最早的茶类也有一些争议，白茶是一款不炒不揉的茶，造法自然，仅萎凋、干燥两道工艺，即为古法，乃神农时代的茶。按此，则白茶早于绿茶。

黄茶，据说是因为做绿茶时炒制工艺不当，堆积过久，叶子变黄而成。因为“闷黄”的工艺，黄茶黄叶黄汤，茶汤清爽而柔和，反而成了难得的珍品。在明代许次纾的《茶疏》里记载了黄茶的演变历史。还有在《红楼梦》里妙玉给贾母的茶“君山银针”，便是黄茶了，由于是半发酵茶，很适合老年人及体质虚寒之人品饮。当然除了君山银针，还有霍山黄芽、蒙顶黄芽、沩山毛尖等也都属黄茶。

青茶，人们俗称“乌龙茶”，为半发酵茶，介于绿茶和红茶之间，具体始创时间尚有争议，有说源于宋朝，有说源于清朝，但是其共识就是始创地在福建。清朝初年王草堂《茶说》

①古代品茗图
②下八里辽金墓群的《备茶图》壁画
③撵茶图〔宋〕刘松年，现藏台北故宫博物院
④玉川煮茶图〔明〕丁云鹏

就有记载："武夷茶……采茶后，以竹筐匀铺，架于风日中，名曰晒青，俟其青色减收，然后再加炒焙……烹出之时，半青半红，青者乃炒色，红者乃焙色也。"乌龙茶，按地域分为闽北乌龙、闽南乌龙、广东乌龙和台湾乌龙。笔者认为此茶类始于明末，发源于闽北武夷山和闽南。青茶经晒青、晾青、摇青、炒青、揉捻、烘焙制成。干茶色泽青褐，汤色黄亮，有浓郁的花香，叶底通常为绿叶红镶边。

再说红茶，16 世纪，最早出现在福建的崇安，也就是今武夷山市。红茶经由萎凋、揉捻、发酵、干燥制成，红叶红汤，据制法不同，分为小种红茶、工夫红茶、红碎茶。这两年金骏眉已被国人渲染得流光溢彩，这不可多得的稀品，乃属小种红茶（正山小种）。金骏眉珍贵之处在于它是源自 1500 ~ 1800 米高山原生小种野茶，一年的产量极少，大约只有 20 多斤，极其珍贵。

黑茶，因为有道渥堆的工艺，成茶油黑或黑褐，便称为黑茶。它的缘起还是因绿茶的制法发生了变化，绿毛茶堆积后发生了发酵，才有了黑茶，明史里《食货志·茶法》记载，嘉靖三年(1524 年)，御史陈讲奏称："茶商低劣，悉征黑茶。""黑茶"一词首次出现于史籍。黑茶按品类分，主要有湖南黑茶、湖北老青茶、四川黑茶和滇桂黑茶，以紧压茶居多。普洱茶、六堡茶、茯砖茶均属黑茶。黑茶主要销往藏、蒙地区，那里的人日常饮食以肉奶为主，缺纤维素和微量元素，每日必喝茶，有说法："可以一日无肉，不可一日无茶。"黑茶的消脂解腻之功效最为显著。现在很多人将黑茶称为"减肥茶"。关于黑茶的功效在《本草纲目拾遗》有载："黑茶最治油蒙心包，刮肠、醒酒第一。"

很明显，最早出现的茶类一定是具有最简单加工方法的茶——白茶，然后出现绿茶，再由绿茶工艺演变生成了黑茶、黄茶、红茶、乌龙茶。

中国六大茶类

茶类	类别	发酵程度		性质	代表茶品
绿茶	炒青	不发酵	0%	性寒	西湖龙井、碧螺春
	烘青				黄山毛峰、太平猴魁
	晒青				滇青和川青
	蒸青				恩施玉露、阳羡雪芽
白茶	白芽茶	微发酵	新茶 5% ～ 20% 陈茶 20% ～ 80%	新茶性寒凉 陈茶性平	白毫银针
	白叶茶				白牡丹、贡眉、寿眉
黄茶	黄大茶	轻发酵	20% ～ 30%	性寒	霍山黄大茶
	黄小茶				沩山毛尖、温州黄汤
	黄芽茶				君山银针、蒙顶黄芽
青茶（乌龙茶）	闽南乌龙	轻发酵	20% ～ 30%	性寒	铁观音
	闽北乌龙	重发酵	50% ～ 80%	性平	武夷岩茶（大红袍、肉桂、水仙）
	广东乌龙	中发酵	30% ～ 50%	性平	凤凰单丛
	台湾乌龙	轻发酵	20% ～ 30%	性寒	冻顶乌龙、文山包种
红茶	小种红茶	全发酵	80% ～ 90%	性温	正山小种
	工夫红茶				滇红、白琳工夫、政和工夫、坦洋工夫、宜红
	红碎茶				英德红茶、四川红碎茶
黑茶	四川黑茶	后发酵	生茶 20% ～ 30% 熟茶约 100%	生茶性寒， 熟茶性温	四川边茶
	湖北、湖南黑茶				湖北老青茶、湖南茯砖茶
	滇桂黑茶				云南熟普洱茶、广西六堡茶

寻踪白茶的史载足迹

茶按照国际标准，分为绿、红、白、青、黑、黄六大茶类，白茶被称为年轻而古老的茶类，号称“茶类的活化石”。

《本草衍义》有载：“神农氏一日遇七十二毒，得荼而解之。”“荼”即是“茶”。这里说的神农氏，既是中国农业的发明者，也是茶的发现者。那时的人们保存茶叶的方法不过就是将茶树的鲜叶采下，在太阳下晒干，用罐存之，古人这种晒干茶叶而存之的方法正是白茶的制作方法，现称为古法白茶。

考古也不断证实记载中的传说，店下马栏山和白琳考古发现，太姥山一带在新石器时期就有人类活动的踪迹，后来进一步证实传说中的白茶始祖太姥娘娘就是母系氏族时期闽越地区的部落首领，今天绿雪芽古茶树所在位置正是传说中她得道升天的地方。

隋唐时期有关白茶的记载是唐朝人陆羽的《茶经》，“永嘉县东三百里有白茶山”。而他这段文字记载，当然不是杜撰，是摘引自温州地方志《永嘉图经》。从这句话里可以看出，离温州不远处有白茶山。可能转录过程有误，倘若真的朝东方，就进海里了，因此，原文可能应为“永嘉县南三百里有白茶山”才对，那里正是福鼎的太姥山，产白茶的地方。

当然，最早出现“白茶”字样的文献是宋徽宗的《大观茶论》，其中记载：“白茶，自为一种，与常茶不同。其条敷阐，其叶莹薄，崖林之间，

白茶山

偶然生出。有者，不过四五家，生者，不过一二株，所造止于二三镑而已。须制造精微，运度得宜，则表里昭澈，如玉之在璞，他无与伦也。”

其名出现，迄今已有九百余年。（《大观茶论》，成书于1107至1110“大观”年间，书以年号名。）宋代的皇家茶园，设在福建建安郡北苑（即今福建省建瓯县境）。《大观茶论》里说的白茶，是早期产于北苑御茶山上的野生茶。其制作方法，仍然是经过蒸、压而成团茶，同现今的白茶制法并不相同。可以看出唐宋时所谓的白茶，是指采摘偶然发现的白叶茶树而制成的茶，如今天的安吉白茶。与后来发展起来不炒不揉的白茶不同，事实上，到了明代才出现了类似现在的白茶。

到了明朝，《广舆记》所说的“福宁州太姥山出名茶，名绿雪芽”，这个时候白茶才有自己的名字。明谢肇淛《太姥山志》有太姥山人种茶的记载，田艺蘅《煮茶小品》载有类似白茶的制法：“茶者以火作者为次，生晒者为上，亦近自然，且断烟火者耳……生晒者瀹之瓯中，则旗枪舒畅，清翠鲜明，尤为可爱。”这时候的加工方法已经是我们所讨论的白茶了。

清代，对于白茶有更详细的记载，最有代表性的要数《闽小记》。清代周亮工《闽小记》中提到：“白毫银针，产于太姥山鸿雪洞，其性寒凉，功同犀角，是治麻疹之圣药。”白毫银针正是白茶里最名贵的品种。其他有“绿雪芽”字样出现的

〔唐〕阎立本《斗茶图卷》

记述还有郭柏苍《闽产录异》、吴振臣《闽游偶记》。邱古园《太姥山指掌》记载：“太姥山平岗，有十余家人种茶，最上者太姥白，即《三山志》绿雪芽茶是也。”清傅维祖所著《太姥山寺产印册》是对太姥山寺院茶园予以记述的书册。

民国卓剑舟著《太姥山全志》时就已考证出：“绿雪芽，今呼白毫。香色俱绝，而犹以鸿雪洞产者为最。性寒凉，功同犀角，为麻疹圣药。运售国外，价与金埒。”那时候的白茶已经远销到国外。

关于白茶的历史究竟起于何时，茶学界有些不同的观点。有人认为白茶起于北宋，其主要依据是白茶最早出现在《大观茶论》《东溪试茶录》（文中说建安七种茶树品种中名列第一的是“白叶茶”）。也有人认为是始于明代或清代，持这种观点的学者主要是从茶叶制作方法上来加以区别茶类的，因白茶的生产过程只经过萎凋与干燥两道工序。也有学者认为，中国茶叶生产历史上最早的茶叶不是绿茶而是白茶。其理由是：中国先民最初发现茶叶的药用价值后，为了保存起来备用，必须把鲜嫩的茶芽叶晒干或焙干，这就是中国茶叶史上白茶的诞生。

而现代白茶的起源，有很多的说法，认同度高的起源说法是乾隆三十七年至四十七年（1772–1782年）在建阳水吉创制了现代意义的白茶，这种白茶后称白牡丹。在清嘉庆初年（1796年），福鼎人采菜茶的壮芽而制成银针，这是白毫银针的始创。后来于1857年，福鼎大白茶树由太姥山移植到福鼎点头镇，开始大白茶的培育和栽种，由于福鼎大白茶针形大而

绿雪芽母树

壮，产量高，市场反应好，于1860年后，福鼎大白茶渐渐成为白毫银针的主要原料。所以白牡丹始创于建阳水吉镇，而白毫银针始创于福鼎点头镇。

20世纪70年代，为了满足外销的需求，白琳茶厂研制出新工艺白茶，茶汤的滋味更浓，颜色更深，口感滋味更重，条索紧结。新工艺白茶是白茶的创新，发酵程度较传统白茶要重，口感和滋味介于白茶和红茶之间。

福鼎白茶的主要产区有白琳镇、点头镇、磻溪镇、管阳镇、秦屿镇等地，主要茶树品种有福鼎大白茶和福鼎大毫茶。

政和白茶的主要产区有石屯、东平、熊山，主要茶树品种有福安大白茶、政和大白茶、福云六号。政和大白茶是于1880年选育成功的，1889年始制银针。

听听白茶的故事，聊聊当地的风俗

小时候爱听爸妈讲故事，一听到“很久很久以前”这样的开始，眼前便会有这样的画卷，有山有水还有老神仙，一个善良的人历经苦难，过上了幸福的日子。

初到福鼎，要不是自己的知觉时时提醒我，真的以为到了仙境。福鼎太姥山三面环海，犹如从海里长出的一座山，山上奇石林立，但顶部大多呈椭圆形，像水流雕塑过，如放大的鹅卵石，山上的树不是很密，山上有溶洞，有古茶树，还有暮鼓晨钟，这一切已经足够讲几天的故事了。今儿不说海里的龙王，石头里的神仙，就说这白茶树的故事。

据说是尧时，太姥山下一农家女子，避战乱逃至山中，栖身鸿雪洞，以种兰为业，乐善好施，人称兰姑。那年山里麻疹流行，无数患儿因无药救治而夭折。一天夜里，兰姑梦见南极仙翁，仙翁告诉她：鸿雪洞顶有一株小树叫茶，是十几年前给王母娘娘御花园运送茶种时掉下来的一颗种子长成的，它的叶子是治疗麻疹的良药。兰姑惊喜醒来，趁月色费力攀上洞顶，在榛莽之中找到了那株与众不同的茶树，迫不及待地采下绿叶，晒干后送到每一个山村。

神奇的白茶终于战胜了病魔，从此，兰姑娘精心培育这株仙茶，并教四周的乡亲一起种茶。很快整个太姥山区变成了茶乡。晚年，兰姑在南极仙翁的指点下羽化升天，人们感其恩德，尊称她为太姥娘娘，太姥山也因此而得名。现在福鼎太姥山还留着相传是太姥娘娘亲手种植的古茶树——福鼎大白茶母株。

自古传说都有原型，太姥娘娘也是一样。据考古获悉，太姥娘娘原是部落的首领，可以想见那时的她责无旁贷地带领部落的人一起劳作，遇到了可怕的病，孩子都发烧，起疹子，人们很无助，无意中发现了白茶树，救了族人，于是她便成了神话里的主角。

说完故事，再讲讲和茶相关的民俗。还说说福鼎吧，有很多人家孩子出生的时候，便会留一箱白茶作为纪念，等孩子长大了，这些茶也成了很珍贵的药。这风俗有点儿像绍兴的女儿红酒，一方面存储了酒，一方面存储了记忆。孩子大了，茶味也由原来的青甜变为醇厚，在感慨岁月变迁的同时，又收获了另一种喜悦。

还有一种习俗就是清明白茶，也就是清明当天，当地所有的人都上山采茶，能采多少就采多少，然后晾晒而成茶，俗称“清明茶”，收藏起来，留做一年的饮用。那样的茶多少有些思念的味道，蒙蒙细雾中的茶，都结着故人的心愿，经过太阳的眷顾，那心愿便得到了升腾，成了清明茶的茶烟。总觉得思念是一种药，有点儿苦，有点毒，淡淡的只是平添些哀愁，多了些诗情，这茶也得浅浅地喝，随意便好。

政和也有很多风俗与茶相关，例如插茶、新娘茶、醒眠茶、茶灯戏、畲族擂茶，这些风俗多是热热闹闹，充满爱意，欢天喜地的感觉。

当地小伙子姑娘谈婚论嫁要举行的仪式，叫“插茶”，就是未来的新媳妇给公婆泡茶，表示对婚事的认可。还有就是喝喜茶，也叫“新娘茶”，在高山地区又称为“端午茶”，是一次盛大的山乡茶宴，这个习俗在政和杨源乡一带盛行。在端午节前一天，由新娶进门的新媳妇给乡亲们主持乡村茶宴，茶宴对水、茶、冲泡器皿甚至于茶配（配茶的茶食，有自家腌的咸菜，还有豆子、花生、红蛋、水果等）都很有要求，水要泉水或自家的井水，茶要新制的清明茶，泡茶用的器皿要陶罐。茶宴要新娘一个人来完成，体现新娘的能干与热情。茶宴没有请帖，一到时间，大家都知道陆续过来参加，一般为长辈妇女和孩子，客人来得越多，新娘越高兴，临走，新娘还要赠送红绳，挂在客人的肩上，客人也沾了喜气。还有一种“醒眠茶”，更是充满爱意，早晨起来，妻子要给丈夫泡一碗茶，给丈夫提神，茶都是妻子自己做的，冲泡得好不好体现妻子的贤惠与否。“茶灯戏”就是在茶园里唱戏了，是采茶期间一种自娱自乐的田间戏，有道具，载歌载舞。在每年正月里，茶灯戏最热闹，村头村尾空一点儿的场地，都是舞台。政和东平镇后布村是个畲族村，每年三月三、六月六是他们的节日，那天他们载歌载舞并做擂茶。将茶叶和生米、花生、芝麻一起放进陶罐里，加少许水，用圆头擂棒捣成糊，再放到茶钵里冲泡成茶。擂茶据说可以祛风散热，强身健体，延年益寿。我总觉得除了汉族之外的民族对于茶味可能直接接受起来有些难度，可是又要吃茶，于是创出来各样的茶民俗，例如藏族的酥油茶、白族的三泡茶等，都有一个特点，去茶味，而留茶性，极具智慧。

政和佛子山

新娘茶

延伸阅读：中国茶的品饮历史及用途的变迁

中国是茶的故乡，无论是发现茶还是利用茶都是世界上最早的国家，茶的历史，正如老茶，悠远而绵长。翻开史册，且看看茶千年的变迁。

品饮的历史

人们发现茶，并运用茶，传说从神农开始。人们把茶叶作为饮品，据清人顾炎武《日知录》的记载为“自秦人取蜀而后，始有饮茗之事”，这一算也有两千多年的历史。茶的品饮，从古至今，有记载的方法有煮茶法、煎茶法、点茶法、泡茶法。

⊙ 煮茶法

煮茶法，自汉朝开始，一直流传至今。《晏子春秋》记载，“晏子相景公，食脱粟之饭，炙三弋五卵，茗菜而已”；又《尔雅》中，“苦荼”一词注释云“叶可炙作羹饮”；在《桐君录》等古籍中，则有茶与桂姜及一些香料同煮食用的记载。中唐以前，茶叶加工粗放，故烹饮也较简单，源于药用的煮熬和源于食用的烹煮是其主要形式，或煮羹饮，或煮成茗粥。煮茶法主要在少数民族地区流行，即便是今天，那里依然煮饮，古风犹存。

⊙ 煎茶法

煎茶法是唐代主要饮茶形式。煎茶法是从煮茶法演化而来的，尤其是直接从末茶的煮饮法改进而来。西晋杜育《荈赋》有“惟兹初成，沫沉华浮。焕如积雪，晔若春敷”的描述，是说茶汤煎成之后，茶沫沉下，汤华浮上。亮如冬天的积雪，鲜若春日的百花。煎饮法主要有备茶（炙茶、捣茶、碾茶、罗茶）、备器、择水、取火、候汤、煎茶（投茶、搅拌、加盐）、酌茶、品茶等程序。唐元稹便有《茶》诗云“铫煎黄蕊色，碗转曲尘花”。煎茶法盛于中晚唐，衰于五代，亡于南宋。煎茶法的衰亡之日，便是点茶法的隆盛之时。

⊙ 点茶法

到了宋代，中国的茶道发生了变化，点茶法成为时尚。和唐代煎茶法不同，点茶法是将茶叶末放在茶碗里，注入少量沸水调成糊状，然后再注入沸水，或者直接向茶碗中注入沸水，同时用茶筅搅动，茶末上浮，形成粥面。唐朝是煮茶，而到了宋朝只煮水了。对点茶颇有研究的当属蔡襄，他不仅是书法家、文学家，还是茶叶专家，其《茶录》奠定了点茶茶艺的历史地位。

⊙ 泡茶法

泡茶法是中华茶艺的又一种形式，自明朝中期流行至今。这种饮泡方法明清以来一直是主导性的饮茶方法，主要源自唐代的“淹泡”和宋代的“撮泡”。泡茶法包括备器、选水、取火、候汤、习茶五个环节，具体又分壶泡茶、撮泡法、工夫茶泡法。16世纪末的明朝后期，张源著《茶录》，其书有藏茶、火候、汤辨、泡法、投茶、饮茶等篇；许次纾著《茶疏》，其书中有择水、贮水、舀水、煮水器、火候、烹点、汤候、瓯注等篇。《茶录》和《茶疏》，共同奠定了泡茶法的基础。17世纪初，程用宾撰《茶录》，罗廪撰《茶解》。17世纪中期，冯可宾撰《岕茶笺》。17世纪后期，清人冒襄撰《岕茶汇钞》。这些茶书进一步补充、发展、完善了泡茶法。

茶叶用途的变迁

从品饮方法的变迁，很容易发现茶的用途也在发生变化。人类发现茶，最早是作药用，将茶作为一种消脂解腻的药一般煮饮，也有羹食，后来到了唐代，茶被用来食用，唐宋食茶之风极盛，陆羽的《茶经》出现在唐代，《大观茶论》则是宋朝的皇帝宋徽宗亲自执笔，以至于日本来唐宋的使者，将茶道作为一项很重要的学习内容带回日本，回国后，结合本国的情况形成了日本茶道。所以想了解中国唐宋时期的饮茶法，可以参看日本的饮茶方法。到了明清，中国的饮茶法又发生了剧变，由原来的吃茶改为冲饮法，就是现代的饮茶法，那时人们已经不把茶叶吃掉，而是饮浸泡的茶汤，茶已经成为一种健康的饮料了。

中国饮茶法的流变，简而言之，就是药用—食用—饮用这三个过程的演变。

第二章

或 凭海而居，或依山而卧

——福鼎、政和

福鼎、政和，这两个地方，同位于福建的北部，一个偏东一个偏西，如同两朵待放的蓓蕾，在福建这棵大茶树上孕育千年而待今日绽放。它们都是白茶的主要生产地，一个凭海而居，一个依山而卧。

白茶的主要生产地——福鼎、政和

福鼎

福鼎按行政区域的划分属于福建省宁德市，于1996年由县改为市，称为福鼎市。福鼎丘陵的海拔大多数在500～800米，有些地方在1000米以上。属于中亚热带海洋季风气候，一年四季常绿，年温差不大，平均气温19.5℃，年降雨量1312.5毫米。

福鼎在东海之滨，有太姥山为依，可谓依山傍水，尽占了人间美景。福鼎在福建省属于闽东，确切地说是闽东北，在闽浙交界，实际离温州只有一个多小时的车程，由温州一路向南，经过两个隧道，曲曲折折地进山，就算到了福鼎。福鼎市中心有一条大河，叫桐山溪，发源于闽浙边界的山麓，穿过福鼎市区，奔流入海，在市中心的水边还能远远地看见大海的轮廓，开阔而迷离。河边有很多码

福鼎、政和位置图

头，清晨聚集着很多在河边洗涮衣服的妇人，每见此景，像回到古代，她们仿佛是水边的浣纱女，五彩缤纷的衣物映在水面，如斑斓的油画。人们还把河滩设成广场，乘凉、跳舞都在河边，一到晚上，这里灯火通明，乐声阵阵，欢乐无比，在河滨的路边，又有很多各具特色的茶庄安然静立，喜欢静的人在水边也有了去处。想起近年很多人关注幸福的感觉，还提到幸福指数，福鼎这座小城市暖意融融，欢欣满满，我想这便是人们要达到的幸福吧，知足，常乐。

福鼎，由山和海构成了它的地貌，海面的面积比陆地还大十倍，所以福鼎的

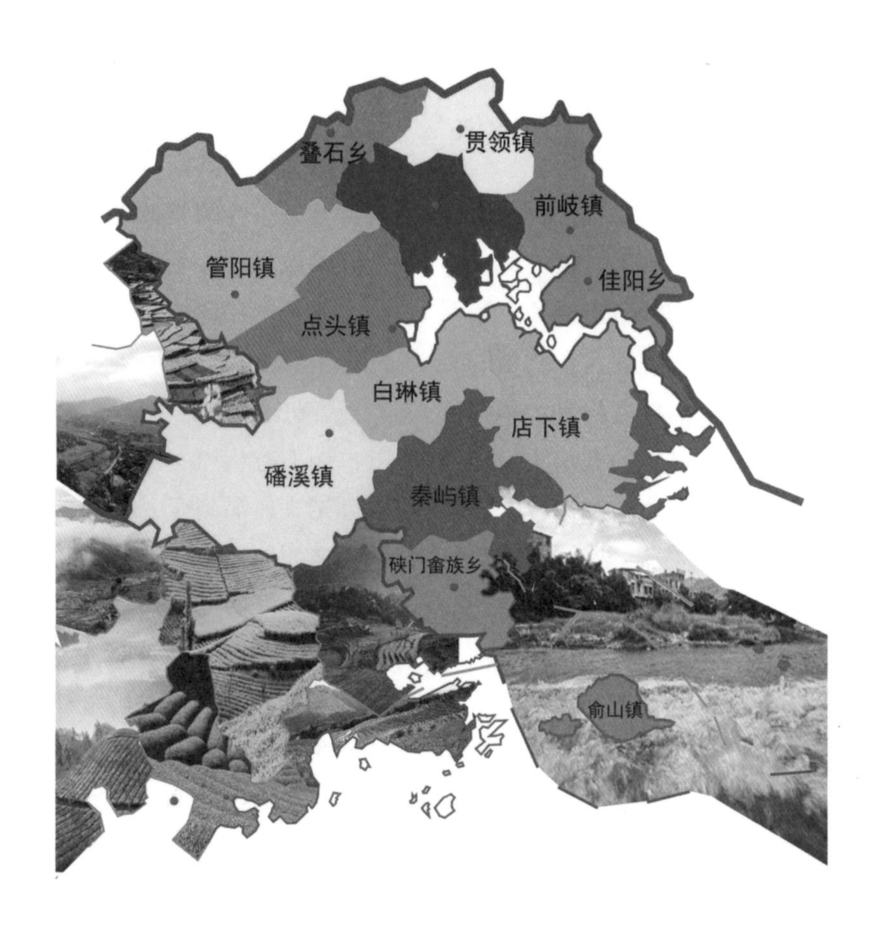

福鼎乡镇分布手绘示意图

特产就是海产品和山货，而这里的山以产茶为主，尤其以白茶最为著名，当地还有其他如柚子和槟榔芋等特产也是驰名海内外。福鼎的土壤有红壤、黄壤、紫色土、冲积土，很适宜茶树的生长。福鼎是一个县级市，市区不大，产茶地主要集中在几个镇子，它们是点头镇、白琳镇、磻溪镇、管阳镇、秦屿镇。

这几个镇子直线距离虽然相距不是很远，但却各有特色。

点头镇：点头镇里的柏柳村是最早的白茶培植基地，由于白茶被越来越多的人认识，柏柳村渐渐成为白茶原产地的代名词了，它就在点头镇的半山腰。这里培育的白茶树种“福鼎大白茶”已有一百多年的栽培史。国家级非物质遗产福鼎白茶制作技艺传承人梅相靖就在福鼎市点头镇柏柳村。点头镇还有个村，叫家洋村，栽培的“福鼎大毫茶”也已有百年历史。而这两种茶列在国家审定品种的第一位和第二位，称为华茶一号和华茶二号。点头镇由于白茶的产量大，众多知名厂家也在此落户，现在的点头镇已经成了闽浙边境最大的茶叶集散地，这两年白茶的交易尤其火热，据当地的一个茶庄介绍，点头镇的一个小茶庄一年饼茶就可以走10万片，银针1000担，其他茶还没有统计在内。点头的白茶品质可以用“标准”二字来形容，无论是形色味，还是白茶的生态环境都无可挑剔，谁让这里是白茶最早的培植基地呢。

白琳镇：《福鼎县乡土志》有载：“白琳茶业特盛，中外通商，白毫之良，为五洲最，故商贾辐辏，居然一大市镇。”清朝中叶，白琳镇由于地理位置特殊，交通便利，水陆皆可通行，闽商和广东茶商齐聚白琳，使白琳成为当时茶叶的集散地。白琳镇最早是红茶做得好，名气大，比如白琳工夫，就是产在此地。此红茶甘甜醇爽，汤色红亮，常常会和金骏眉相混，有人干脆在箱体外打上金骏眉的字样，所以市面上有相当一部分的金骏眉就是白琳工夫，喝到了，喜欢就好，也别有太多的懊恼，毕竟金骏眉每年的产量有限，价格又不是寻常百姓可以消费的。白琳镇的白茶也有一定量的生产，只是名气不如点头镇那么大，这里的厂家也是星罗棋布，大大小小。白琳镇是点头镇的近邻，很多茶青都是运到点头镇交易并在那里加工生产。

管阳镇：管阳镇与点头镇毗邻，平均海拔在500米以上，这里的茶就如镇的名字，特点鲜明，总觉得是中午的太阳一般，茶味足而有太阳气。

由于这里的生态环境优越，有些知名厂家的基地就定在这里，得天独厚的一片管住阳光的地方，想充满活力的时候就喝一杯管阳白茶。

磻溪镇：磻溪镇的茶青每年都难求，需要提前预订才行，而且鲜叶的收购价格会比其他的地方价要高。这里的茶特点就是甜，回甘好，喝过的人就会记住它的滋味，白茶的魅力之一就是甘甜清爽，而磻溪的茶恰恰把白茶的甘甜放到最大，想要喝甜美的白茶找磻溪的白茶就对了。有人想知道原因，那么来看看它的生态环境，磻溪是福鼎市地域面积最大的乡镇，全镇森林覆盖率达到95%，平均海拔高度500到800米，气温比低海拔地区低2℃至4℃。它东与太姥山、南与白琳镇相邻，是典型的生态乡镇。这里的湖林、南广、后坪、仙蒲、赤溪、黄冈等村生产的茶青成为名副其实的抢手货。这样就不难理解磻溪出好茶啦。

秦屿镇：一个依山傍水的地方，著名的太姥山就在这里，太姥山的山脚下就是东海，山如同从海里长出来的，境内太姥山平均海拔600米，山上常年云雾缭绕，云蒸霞蔚，气温比山下低2℃至5℃。每次爬到太姥山，总不知不觉地朝海远眺，盼着远处的黑点变大，希望是一条熟悉的船，不觉中这山就如盼归的眺望者，而登山的人也跟着心切。白茶就在这绵延的山脉上，日夜沐浴着水的灵气。这里的茶多少有点儿仙气，吹过来的风都携海里的鲜味，茶自然与众不同，有人把太姥山的茶比作小仙女，是一点儿都不过分的，这里的茶在我眼里多少有些灵气，尤其品明前的茶，一口入喉，不觉中已来到云雾缭绕的茶林间，恨不能把这清香的气息都吸到体内，存起来用一年……

政和

说完福鼎的茶，下面来讲讲政和。

政和，属于福建省，现在按行政区域划分还是一个县。气候特征属于亚热带季风湿润气候区，气候特点：雨热同季，四季分明，季风影响显著。全县平均气温14.1℃～18.6℃，年降水量1600毫米左右。政和境内大部分为山区丘陵地带，北高南低，海拔多在400～1000米，土壤以红壤和黄壤为主，很适宜茶树的生长。白茶主要产区在温暖适水区的石屯、东平、熊山等镇。

政和属于闽北，看地图便知处于武夷山和福鼎的中间，然而要到那里去，却要曲折迂回，方能到达。政和，相对福鼎，算内陆，丘陵山貌，有山里的豪情与霸气。政和的县城和普通的县城没有什么两样，不宽的街道，两边都是各样的铺面，4、5 月份的色调竟然是灰绿色的。不过要是驱车进山，满眼苍翠，感觉倒会不一样。远远近近的茶山此起彼伏，如绿浪，好的天气里轮廓清晰，像工笔画。想起福鼎茶山的样子，烟雾袅袅，则如写意山水。

关于政和的茶叶，陈橼的《福建政和之茶叶》（1943 年）有介绍："政和茶叶种类繁多，其最著者首推工夫与银针，前者远销俄美，后者远销德国；次为白毛猴及莲心专销安南（即越南）及汕头一带；再次为销售香港、广州之白牡丹，美国之小种，每年总值以百万元计，实为政和经济之命脉。"又见《茶叶通史》载："咸丰年间，福建政和有一百多家制茶厂，雇佣工人多至千计；同治年间，有数十家私营制茶厂，出茶多至万余箱。"

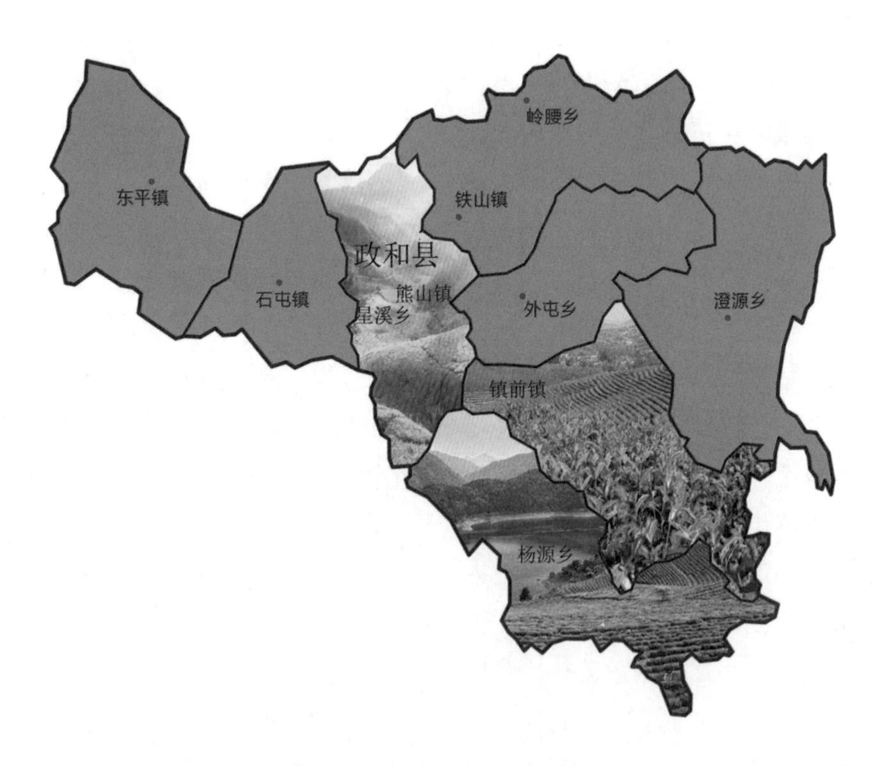

政和乡镇分布手绘示意图

政和，也是一个产茶大县。民间还流传这样的说法“嫁女不慕官宦家，只询茶叶与银针”。可见茶在政和人心里的地位。嫁闺女，不在乎对方的社会地位高低，只关心家内茶叶的收益，很务实的民风。

当然这些和历史有关，政和县在宋代的时候，叫关隶县。对于什么时候改的名，有两个人，不得不提，就是宋代的宋徽宗和郑可简。宋徽宗这个人，很有意思，皇帝做得不称职，但他是个书法家、诗人，还是个少有的茶叶专家，谁送好茶他就赏谁，动辄就加官晋爵，冲动到极致连年号都要封出去，因为一款茶，一款名叫“龙团胜雪”的茶，就送了年号。这茶是漕臣郑可简贡奉的，用细如银丝的茶芽心制作，方寸大小，大约一个手掌心大，色白如雪，宋徽宗看了，也喝了，龙颜大悦，一高兴，年号赐给关隶县，从此，关隶改政和了。政和县，注定就是一个产茶大县，而且是产好茶的县。后来郑可简的儿子因为政和红茶而得宠，所以到政和老人会给你讲“父贵因茶白，儿荣因草朱”的故事。

那政和的茶叶到底是怎样的呢？政和的茶叶和福鼎不同，叶茎要长一些，叶形感觉更舒展，整体茶形比较修长，而不似福鼎的茶，嫩嫩翠翠的，叶子里像含着很多的水，叶茎也短。每次和茶友一起比较福鼎白茶和政和白茶的不同，都用柔美和刚毅来比喻，其实说到底就是阴柔之美和阳刚之美的差异，福鼎的茶如水边的女子，甘甜而有美韵，而政和的茶像山里的汉子，刚毅而浓重。

政和县的产茶地除了有石屯、东平、熊山比较集中外，其他镇也有生产，主要茶树种有福安大白茶、政和大白茶、福云六号。当地人有70%从事与茶相关的行业，收入的75%来源于茶叶。茶叶已经是政和人最主要的经济来源。

政和为什么会出名茶，产茶量这么大，是和它的地貌和土壤有关。政和自古就很适合种茶，宋朝时划入北苑御茶园，38个官焙茶坊有5个位于政和境内。政和县全境山峦起伏，层林叠嶂，气候温和，雨量充沛，茶园土层深厚，为微酸性红黄壤，非常适合茶树生长。

其他白茶产地

白茶原产地在福建，主要产区为福鼎、政和、松溪、建阳等地。由于这几年白茶热度与日俱增，白茶产地也在不断扩大。看一组统计数据：福鼎市茶园面积从2005年的21.5万亩，增长到2019年的36万亩左右。福鼎市现有茶叶加工企业443家，其中国家级重点龙头企业1家、省级龙头企业18家、宁德市级龙头企业36家。福鼎白茶2017、2018、2019年产量分别为1.28、1.5、1.75万吨。2019年福鼎白茶产业综合产值将近100亿元，销售收入近5年平均增长30%，价格平均增长35%。全国的白茶不仅产量增加，销量也大幅提升，白茶的价格这几年更是以每年20%的增幅持续上涨，一些老白茶甚至价格连续翻倍。白茶的出口量、价格、销售额继续保持增长，内销量更是大幅上升。这就使得白茶的生产从福建的福鼎、政和、松溪、建阳等传统白茶主产区扩大至省内的周边县市，并且江西、湖北、陕西、贵州、广西等国内其他省区的部分县市也已试制生产。特别是云南，早在2009年就开始试制白茶，采用白茶的工艺加工云南大毫茶，香气花香浓郁，口感纯净，极其耐泡。

其实有资料表明，除了中国生产白茶，印度、斯里兰卡、土耳其也出产白茶，比如印度大吉岭有印度白毫（泰姬白毫），尼尔吉里生产有机白茶。

白茶的树种介绍

福鼎、政和两地成为白茶的主要产区，主要和它们适种的树种有关，关于白茶的树种介绍，袁弟顺在《中国白茶》里有详细介绍，这里做一个简要的摘录：

适合制作白茶的茶树品种有很多，但要制作传统意义上的白茶，要求选用的品种茸毛多、白毫显露、氨基酸含量高，这样制作出的茶叶才能披满白毫，有毫香，滋味鲜爽。白茶最早是采摘菜茶鲜叶制作，之后才用水仙、福鼎大白茶、政和大白茶、福鼎大毫茶、福安大白茶、福云六号等来制作白茶。下面介绍几个常用来制作白茶的树种。

菜茶

菜茶是指用种子繁殖的茶树群体，栽培历史约有一千余年。树高1米，幅宽1米，灌木型。叶长椭圆形，叶尖锐，略下垂。发芽期多在清明前几天，终期11月上旬，芽数密，育芽力强。

福建水仙

又名水吉水仙或武夷水仙。栽培历史一百多年，在福建各个产区栽培普遍，尤其闽北、闽南产区为多。属于无性繁殖系，小乔木型，大叶类，迟芽种，三倍体。树势高大，自然生长可达五六米，分枝部位高，分枝稀疏，树干较明显，为小乔木型。叶椭圆形或长椭圆形，叶端尖长，叶缘平齐，尖端和基部略下垂。发芽较迟，约3月中旬开始萌动至11月中旬停止增长。制白茶品质极优，色稍黄，茸毛显露，富有香气。

福鼎大白茶

又名福鼎白毫，无性繁殖系，小乔木型、中叶类、早生种。植株较高大，可达2米左右，幅宽1.6～2米，树势半开张，为小乔木型。分枝较密，分枝部位较高，节间尚长。树皮灰色。叶椭圆形，先端渐尖并略下垂，基部稍钝，叶缘略向上。春茶鲜叶含氨基酸4.37%、茶多酚16.2%。制成白茶品质极佳，以茸毛多而洁白，色绿，汤鲜美为特色。

福鼎大毫茶

简称大毫。无性系，小乔木型，大叶类，早生种。植株高大，主干明显，树高2.8米，幅宽2.8米，树势半开张，叶形长椭圆形，叶面平滑，侧脉平均8对。制白茶，披满芽毫，色白如银，香清味醇，是制白毫银针、白牡丹的高级原料。

政和大白茶

又称政大。小乔木型，大叶类，晚生种，混倍体。植株高大，树势直立，自然生长的树冠高度可达3～5米，树高1.5～2米，幅宽1～1.5米，为小乔木型。叶椭圆形，先端渐尖并突尖。制白茶色稍黄，以芽肥壮、味鲜、香清、汤厚为特色。制白毫银针，颜色鲜白带黄，全披白毫，香气清鲜，滋味清甜。

福安大白茶

无性系，小乔木型，大叶类，早生种。树势开张，分枝尚密，3月上旬萌芽，芽密度较稀，一芽三叶，盛期在4月上旬，育芽率强。制白茶茶色稍暗，以芽肥壮，味清甜、香清、汤浓厚为特色。制白毫银针，颜色鲜白带暗，全披白毫，香气清鲜，滋味清甜。

福云六号

无性繁殖系，小乔木型，大叶类，特早生种。植株高大，树势半开张，分枝部位较高，分枝较密。叶为椭圆形和长椭圆形，叶尖渐尖。制作的白茶色泽好，白毫显露，但滋味、香气稍差。

歌乐

福建福鼎地方品种。无性系，小乔木型，中叶类，早生种。植株高大，树势半开张，树干明显，叶片呈水平状生长。叶椭圆形，叶缘微波，叶尖钝尖。制成的白茶色泽好，白毫显露，滋味香气好。

茶树适宜生长的温度为20℃～30℃，年平均温度13℃以上。大叶种的茶树抗旱能力差，灌木型的比较耐寒。白茶的生产自3月上旬至10月下旬，历

政和大白茶

时 8 个月左右，越冬芽一般在 3 月中旬开始萌发生长，从 10 月上旬开始茶树的营养供应逐渐停止。白茶的头轮茶为头春茶，其他依次为二春茶、三春茶、白露茶、秋露茶等。

现在白茶品种都采用短穗扦插法繁殖，传统白茶种植时间为 11 月和早春（2 月中旬～ 3 月上旬）。

说在产地后面的话

现在主要生产白茶的地方在福建除了福鼎、政和之外，松溪、建阳也有一定量的生产，后者丘陵地形，和政和类似，要是归地域品类，当属政和茶。一说产地，人们往往习惯性地把福鼎和政和要分个仲伯，事实上这两种茶都有特色，就如瓷杯和紫砂杯的差别，只是不同而已，觉得哪个更好，由偏好来决定。

很多人还会提到高山茶的概念，以为山越高茶越好，这其实是一个误区，也有可能是商家在宣传高山茶时没有特别的说明。事实上，在一定海拔内，随着海拔的提高，云雾量会增多，空气湿度变大，漫射、反射、散射光多，昼夜温差大，这样茶的品质较海拔低的要好。茶叶的内含物质也随着海拔的增加，有所变化，海拔越高，茶多酚含量越少，氨基酸和含氮化合物含量有所增加。但是海拔太高，温度低，热量不足，缩短全年的生育期，茶叶的品质反而会下降。茶叶方面的研究专家发现，适宜茶叶生长的海拔高度一般在 1000 米以下，超过 1000 米，要看具体的生态环境了。

还要提一下有机茶、野生茶的概念。有机茶是针对生态环境而言，茶叶的生长环境达到有机茶的生产标准；而野生茶是指茶树的生长状态，是多年没有人管理的野放茶，原来也是茶园里的茶树，和真正意义的原生态野生茶是不一样的。所以对于喝茶，不论有多少新鲜的概念，不论产地的差异、树种的千差万别，喝下去，感觉舒服才是最重要的，这是我对茶的最基本的认识，在以后的章节里还要不断地重申这样的理念。

第三章

接天连地，恰那时相识

——白茶的家谱

春天的山被一场场春雨唤醒，远处的绿雾和近处的光影交织着，这里的空气氤氲着清香的茶味，在鼻翼和口腔里撩动。一位位农人从雾里钻出来，都像披着薄纱，他们或担挑，或手提，将一筐筐、一篮篮的鲜叶运出，这绿鲜鲜的叶，都像是有眼睛的精灵，它们继而被太阳催眠，昏昏地睡去，当唤醒的时候已与水交融，成杯中的香茗——清雅自然的白茶……

陈兴华／摄

与白茶的缘

与人相识要有缘分，与茶亦然。要说相识该是儿时的记忆，放学后，喜欢在校门口老大爷的茶摊上买一杯茶喝，清清的甜，似有似无的茶味，似有似无的清香，留在唇齿间，也留在心底。十多年前的偶然又遇到了这最原初的滋味，茶味极淡，清甜中有丝丝草香，还有太阳的气息……她就是白茶，一款自然本真的茶。她也成了我最好的朋友，纯真如童年的伙伴，喜怒哀乐的率直在茶味里一览无遗，没有掩饰没有做作。

其实白茶不是每一款都形如芽针，亭亭玉立，也不都是悦目赏心，但都是极自然的茶形，或芽或叶，或卷或舒，注水，在杯中随着水流欢腾，看着它们，心里也如茶一般只有如水的欢欣，没了杂念，那一刻，品茶人是幸福的。

就这样恋上白茶，恋上她的自然简单。白茶的简单自然不仅体现在外形和加工上，还有品种也不似其他茶类那么复杂。白茶常见的品类仅有三种：白毫银针、白牡丹、寿眉（贡眉）。

白茶在六大茶类里按发酵程度分，算一款轻微发酵茶。按白茶的标准，只要用多白毫的品种，采用白茶的加工方法，就可以生产出白茶。而白茶的品种分类主要依据是采摘标准不同，分为芽茶和叶茶。采用单芽为原料加工而成的为芽茶，称之为银针；采用完整的一芽一二叶且有浓密的白色茸毛的茶鲜叶加工而成的为叶茶，称之为白牡丹；寿眉、贡眉的采摘多为粗老的大叶来加工。按采摘时间也很好区分品种，清明前主要采摘白毫银针和级次高的白牡丹，级次较低的牡丹和寿眉都是清明后采摘。

白毫银针：款款如斯，晨雾中走来的仙子

白衣白裙，婷婷袅袅，在水中缓缓地舒展自己，悠悠然释放缕缕仙香，清亮亮的茶汤如山坡上晨起的朝阳，罩着飘入凡尘的仙子，或回首眺望，她们轻轻吐着芳兰气，满心欢喜，这里有晨雾！有甘露！一定还有早春的日光！这就是白毫银针，一款美丽而仙雅的茶。

白毫银针是什么样的茶

白毫银针，顾名思义有白毫披身，形似针样的芽茶，其制作方法是按照白茶的加工标准。准确的定义如下：白毫银针，亦称“银针白毫”“银针”“白毫”，是白茶中最名贵的品种。白毫银针是肥壮针样的白芽茶，其单芽披白色茸毛，又因其色白如银，外形似针，因此得“白毫银针”的美名。它不仅形优美，茶味更是毫香宜人。

现在的白毫银针的茶芽均系福鼎大白茶或政和大白茶良种茶树，芽肥壮。宋代沈括在《梦溪笔谈》中称南方茶树“今茶之美者，其质素良而所植之土又美，则新芽一发则长寸余”。

白毫银针主要产于福建省福鼎、政和两县市，其他如建阳，松溪等地也有少量的生产。白毫银针因产地和茶树品种不同，又分北路银针和南路银针两个品目。

福鼎银针（北路银针）

产于福建福鼎，茶树品种主要为福鼎大白茶（又名福鼎白毫）。福鼎大白茶制成的白茶，品质极好，它的特色是茶茸多且洁白，色绿，汤美。福鼎大白茶原产于福鼎的太姥山，至今还有“绿雪芽”古茶树屹立在鸿雪洞旁。陆羽《茶经》中所载“永嘉县东三百里有白茶山”，据推断，指的就是福鼎太姥山。清代周亮工《闽小记》中也曾提到“白毫银针，产太姥山鸿雪洞，其性寒凉，功同犀角，是治麻疹之圣药”。可见，太姥山地区产白毫银针

白毫银针

历史悠久，而白毫银针又是白茶的发端，无论从历史记载还是加工的先后，白毫银针都开辟了白茶的先河。

据记载，清嘉庆元年（1796年），福鼎县首用当地有性群体茶树——菜茶壮芽创制白毫银针。约在1857年，福鼎大白茶品种茶树在福鼎市选育繁殖成功，于1885年改用选育的“福鼎大白茶”品种。菜茶因茶芽细小，已不再采用。政和县1880年选育繁殖政和大白茶品种茶树，1889年政和县开始用选育的“政和大白茶”品种壮芽制银针。

事实上，北路银针和南路银针除树种外，还有一个很大的差别就是加工方法，福鼎的茶先萎凋，后干燥，而干燥方法采用烘干方式，南路银针则采用晒干方式。

政和银针（南路银针）

产于福建政和，茶树品种为政和大白茶。制的白毫银针颜色鲜白带黄，全披白毫，香气清鲜，滋味清甜。政和大白茶原产于政和县铁山乡高仑山头，于1985年全国农作物品种审定委员会认定为国家良种。传说，在清光绪五年（1879年），有一魏姓铁山人将此茶树移到家中种植，后因墙倒，无意中压条数十株，逐渐繁殖推广。又说，1910年，政和县城关经营银针的茶行，竟达数十家之多，畅销欧美，每担银针价值银元三百二十元。当时政和大白茶产区铁山、稻香、东峰、林屯一带，家家户户制银针。当地流传着“女儿不慕官宦家，只问茶叶和银针”的说法。

白毫银针之品赏

品赏白毫银针，从干茶开始，看银针条索，根根肥壮；看干茶色，有白毫披身；闻干茶香，蜜甜的毫香伴着太阳的味道；冲水观色，茶汤清澈橙黄，茶水中还有极细的茶茸；品茶味，清甜醇爽；观杯中茶形，沉浮翻飞，煞是壮观，静置片刻，杯底如春笋一般，根根直立；茶淡水凉，细看叶底，毫心多而肥，软嫩，略带黄绿，有点儿像秋天被剥开的稻穗喝饱水的样子。

银针之形——琼芽

每次看到银针，总想起一句诗：“百草逢春未敢花，御花葆蕾拾琼芽。”（《咏贡茶》元·林锡翁）“琼芽”用得好，正是银针的样子，身披白毫，如银似雪，形如壮实的针芽。她不沾

杯泡白毫银针

尘土气，像天赐的鲜品，每次冲泡银针前，都要清心静意，如同一个神圣的时刻，心里默默地感谢，感谢可以品到这样的芳华。这一刻，要让心里所有的念都停下来，放在茶室外。当银针已经请入茶荷，请静静地看着她几分钟，你会惊奇这白茸披身的芽，如何这等肥壮而挺拔，这白茸该不是她的羽衣吧，这壮实的芽和水又是如何交融，让水瞬时变成了琼浆。

银针之色——隐绿

银针色白，然而隐隐透着绿，所以用了东都漫士的一句诗，“隐翠白毫茸满衫”，不看茶形，这句倒是最贴近的。如同一个胸有万千丘壑却又不愿显露的人，在看似平淡的话语中隐隐又能听到静水深流。

银针之色，要从三个阶段来看，冲泡前的干茶茶色，冲泡中的茶汤颜色以及冲泡后的叶底颜色。首先，干茶色白且隐绿；入水，冲泡，泡开后，茶叶呈绿黄色，品质好的银针汤色透亮，汤色浅杏黄色，水中含着极细的茶茸；至茶汤无色，茶味极淡之时，滤出茶水，看茶底之色，品质好的会呈现细嫩、柔软、匀整的黄绿色。

银针之香——毫香

先看看专业评茶人对白茶香气的评语都有哪些，香气评语有：毫香、鲜浓、鲜嫩、清高、清香、甜长、鲜爽、鲜甜、甜纯……银针之香当属毫香显浓，香气新鲜。

看了专业审评之后，具体这毫香是一种怎样的感受呢，有人说是一种太阳下青草的味道，有人说是草叶茸毛的味道，很有颗粒感，还有人说是一种淡淡的奶香，诸如此类，其实这些感觉都没有错，每个人都有个人的身体特质、身体感知，以及生活阅历，就如一人若熟知天下各种香型，一闻便知此乃何香何料，若竟不知此香型，便从自己熟知的香型里找对应了。很佩服《红楼梦》里的贾宝玉，对各种香草如数家珍一般。宝玉有言：这些之中也有藤萝薜荔，那香的是杜若蘅芜，那一种大约是茝兰，这一种大约是金葛，那一种是金蓌草，这一种是玉蕗藤，红的自然是紫芸，绿的定是青芷。紧跟后面还有他对《离骚》中异草的评价，说“年更岁改，人不能识”，若有他的学识，我们便不需要牵强和附和了。

银针之味——寻味

白毫银针，每次冲泡后，得清甜淡雅一杯，品其味，常常语塞，不知如何表达，一个“甜”，一个“香”，都不足以表达她的真味。想起来一次茶会上有位茶友的描述：“入口，只觉清甜，如泉，品香，觉得空的时候，却要寻，一转念，又觉得口中满满的都是……”那一次，就定了银针之味乃“寻味”，若有若无的香，蕴在水里的甜轻拍着口腔的每一个味蕾的触角。

银针之舞——唤醒

水贴着杯壁缓缓下泄，将杯底的银针一点点浸湿，她仿佛被唤醒一般，继而她在杯里被徐徐托起，浮到了水面，任由水托着洁白的羽衣，她伸着懒腰，每一个动作舒缓而矜持。大约两分钟后真正的舞剧才开始，一根根银针如芭蕾舞者从舞台上空悠悠地飞下来，有的直立在空中，像展示一种特技；有的一口气就定在水底，如同生了根；还有的摇摇晃晃上下翻转，如同泳池中的水上芭蕾……

银针之舞，如同一场生命唤醒的仪轨，翻飞辗转，迟疑，笃定，在经历一次次的洗礼后，根植杯底，随杯里的柔波荡漾，心是安定了。

银针饮法之浅说

用来冲泡银针的器具，不一而足，诸如玻璃杯、青瓷盖碗、白瓷盖盅、紫砂壶等。这些茶具对于泡银针，要求各有不同，也有各自的裨益。

玻璃杯冲泡银针，可以观形观色，赏心悦目，还可以闻到银针的清香，空气里都会有茶香。对于冲泡要求是贴杯壁入水，水温要求摄氏90度左右，需静置到有茶芽下沉，滋味才为最佳。这种冲泡方法，不足是香虽高，韵不足。

青瓷盖碗和白瓷盖盅的冲泡方法，要求入水时力度要柔，轻轻浸湿茶，温润泡后，再入水，无需静置，就可以出汤，优点是滋味足，香高，但汤韵不好。

紫砂壶冲泡银针，要求紫砂壶口要大些，类似仿古之类的器型比较合适，泥料最好是朱泥，冲泡过程中壶盖记得要斜支在口上，留一条缝，不让茶受闷。这样的冲泡方法，汤韵比较好，茶汤比较醇厚，但是茶香会不足。

当然还有别的器具，诸如飘逸杯或者瓷壶都可以冲泡银针，但都不是首选。想喝到一杯香甜且有韵的茶，不仅需要挑选一个适合的器具，对于泡茶的技艺也是有要求，经常练习是很有必要的，把握好水和茶的比例，掌握好水温，冲泡力度，入水的位置，自然会有一杯香茗的呈现。

一般而言，白毫银针的冲泡方法和绿茶基本相同，但由于银针制作不做揉捻，故冲泡时茶汁不易浸出，一般 3 克银针冲入 200 毫升的 90℃左右的水，开始茶芽浮在水面，静置 5 分钟后，部分茶芽始从水面陆续沉入杯底，部分悬浮茶汤上部，此时茶芽条条挺立，上下交错，茶里世界，茶里江山，蔚为奇观，约 10 分钟后，茶汤泛黄即可品饮，尘俗尽去，茶意悠然。

正所谓“杯掬黄杏色，尘蕴白毫香”！

白牡丹：翩翩起舞的你，记得的还是裙裾

在茶中翩翩起舞的一定是她，一袭绿舞裙在水中跟着水的旋律舞蹈，时起时落，只见，如影如练。她就是

白牡丹，白茶中的舞娘。

因其绿叶夹银白色毫心，形似花朵，冲泡后绿叶托着嫩芽，宛如蓓蕾初放，故得“白牡丹”美名。

走近白牡丹（形色味）

借用《茶叶词典》里的描述：白牡丹，是白茶的一种，产于福建建阳、政和、松溪、福鼎等县市的叶状白芽茶。一般一芽两叶，也有一芽一叶，按采摘标准分为极品牡丹、一级牡丹、二级牡丹；一般品质好的牡丹都是清明前进行采摘，加工。原料采用福鼎大白茶、政和大白茶品种两叶抱一芽鲜叶，兼采一些水仙品种茶树芽叶共拼合。只经萎凋和干燥制成。形态自然，呈深灰绿或暗青苔色，遍布白色茸毛。汤色杏黄或橙黄，叶底浅青灰色，香气清，味鲜醇。

白牡丹形美

每次打开一整箱的牡丹，都不由得从心底惊叹，这么美！它不似银针满眼银芽，一下子晃晕你的眼，想仔细辨认，取来看，又无从下手，银针聚在一起，恍如一面镜子，亮得让人不知所措。而牡丹不同，牡丹的芽，被黄绿色的叶子衬着，如漫天星般的白野花开遍原野，每一朵都美，迟疑中只有静静地浸在扑鼻的茶香里。

将白牡丹入杯冲泡，又是另一番景象，芽叶随着水的旋律舒展开来，将藏在茶里的春色都绽放出来。芽喜欢静静地立在水里，而叶却要在水里漂漾，这杯里热闹异常，有上下浮沉的，也有左右摇曳的，水里还有白毫在游动，这时若凝神水中茶，有如到了水底世界的感觉，有嘻嘻声，还有低低的细语，它们尽用茶的语言。

牡丹就是这么的美，美得需要凝神，美得让你暗暗赞叹。

白牡丹香高

在白茶里，牡丹的香算高扬的，仿佛将春季的香都收纳过来，一起放在茶里，她不仅有芽的蜜甜香，还有叶的清香。我认为，牡丹的香是最具有包容性的，有银针的毫韵，也有寿眉的清甜。冲泡过程中，茶香的显露也有不同，开始时茶毫的香，紧密的感觉，厚厚的感觉，越来越淡，越来越淡，渐渐地变得清甜，草叶的气息越来越明显，等一切殆尽，却有淡淡的草药味。

白牡丹味醇

牡丹的滋味醇厚，是有缘由的。白牡丹有芽亦有叶，冲泡后，茶汤内便有了芽叶的滋味，芽汤有韵，而叶有甜，这样的茶汤饱满而多姿，自然关照我们的味蕾。常常几个茶友会一同讨论茶水和茶汤的区别，茶薄和厚的差别，其实分辨起来也不难，做个简单的比喻，就如米和水煮在一起没到火候，水还是水，米还是米，不过是水里有一部分淀粉而已，而米汤就不同，它是稠稠的，入口的感觉，水中有米，而米已无形。茶水便是水中无茶，茶不融水；茶汤，则已是水茶为一体，茶、水不得分。

与白牡丹相处之道——说说冲泡

与牡丹相处，说难也不难，说易也不易。牡丹看似平易，然而想把它最完美的茶性调发出来，也不是一件简单的事情。常常要看你用什么器皿来冲泡，泡茶的容器，对茶来说，这就是它的舞台，舞台条件的优劣直接影响舞者的发挥，这没有疑问。再看用什么样的水来冲泡，更是关键，是矿泉水还是纯净水，或者是自来水，水对于茶，就像音乐对于舞者，而冲泡的力度就是音乐的节奏了。总之，若想得一杯香茗，茶、水、器、人需配合得当方可。

牡丹的冲泡，建议器皿用玻璃杯，为观其形，为观其色，为闻其香。水的挑选则建议用矿泉水，矿泉水也是有差别的，最好用 pH 值在 7 ~ 7.2，要是没有合适的矿泉水，纯净水也是不错的选择。若用 pH 值比较高的矿泉水，可能泡其他的茶比较合适，但是白茶是不适宜的，用这样的水泡出的茶滋味比较涩，喉咙里会有附着感，所以选什么样的水很重要。再说水温，建议水烧开，稍放一会到 90℃就好，对于新白茶比较适宜，要比绿茶略高一些，这样白茶的滋味才能尽显。浸泡时间，前五泡浸泡十秒出汤，到了五泡以后，适当延长时间。其实，白牡丹的饮泡方法和绿茶无异，它比绿茶更耐泡，而且久泡不会有苦涩味。

当然也有喜欢用紫砂壶和盖碗冲泡牡丹的，用紫砂壶冲泡出来的茶汤，汤味更厚，但是鲜香气较玻璃杯略逊色，而且看不到牡丹的绽放；用盖碗泡，出味比较容易，因为有杯盖，还可以让鼻子参与品茗，感受杯盖内变换的不同香味。所以选择哪一种冲泡方法没有定论，只是每个人的喜好不同罢了。

白牡丹的质——是一个中庸的道场

近年春季，常常喝牡丹，于是找各样的牡丹来品，有明前的牡丹，有土茶牡丹，还有野生牡丹，有时候还会找十多年的老牡丹来品。每一种滋味都各具特色。明前的牡丹，一览无余的山野的清香、甘甜；而土茶牡丹有些厚重，泡久了会有一点儿苦涩；野生牡丹，就是高远的清甜，如音域宽广而声音清亮的歌，久泡汤依然透亮，水中亦有茶。但是无论怎样，它们都有一个共同的特征，口感内容丰富，很有层次感，可品可饮。

牡丹，细究，有芽，有叶，有银针的雅致也有寿眉的质朴，所以，在我眼里，它如一个中庸的道场，上接仙楼，下连山涧，亭亭地静立于山水间，心内有不入凡尘的梦，又坚实地走在山路上，在天地间，一程又一程，走过了千年。一转念，倒想到我们短短的人生，往往在年轻的时候会滑向一个端点，或天或地，到了中年，却是日渐中庸，以前不解“中庸”之意，以为中庸不过是平庸而无作为，事事都取中而行。现在看来，却有不同，中庸是儒家的一种主张，待人接物采取不偏不倚、调和折中的态度，曰中庸之道。表面看是处于中间，然要这样的平和，却是要一种绝对的平衡方能达到。比如想要灰的颜色，必须是黑和白的调和，才会出现灰，那么灰色里便是有黑也有白的，中庸亦然。中华文明千年文化，一直和中庸没有分开过，想来却是极具智慧，凡事发展到最后，都会融成一个“和”字，乃中庸的内髓。

忽然想起林语堂这个人，他一生最擅长的事就是取中庸之道而行，故而一生安乐平顺，他个人的“生活的艺术”一直是我欣赏的，他喜欢李密庵的《半半歌》，不妨拿出来一起同读：

看破浮生过半，半之受用无边，

半中岁月尽幽闲，半里乾坤宽展。半廓半乡村舍，半山半水田园，半耕半读半经廛，半士半姻民眷。半雅半粗器具，半华半实庭轩，衾裳半素半轻鲜，肴馔半丰半俭。童仆半能半拙，妻儿半朴半贤，心情半佛半神仙，姓字半藏半显。一半还之天地，一半让予人间，半思后代与沧田，半想阎罗怎见。饮酒半酣正好，花开半时偏妍，半帆张扇免翻颠，马放半缰稳便。半少却饶滋味，半多反厌纠缠，百年苦乐半相参，会占便宜只半。

林语堂也是品茶高人，他对茶的感受已经是一种精神层面的通达。他说过："只要有一把茶壶，中国人到哪里都是快乐的。"对他来说，茶已经是他生活的一部分，更甚之，是生命的一部分，而且是快乐之源。林语堂是福建人，有喝茶的先天基因，对茶的认识又加入西方的元素，在他国喝家乡茶，是另一种情韵，他的品茶经也是很有意思，除了对水、器、茶的要求，还对环境有要求，对喝茶的茶友有要求。他喝的是什么茶不得而知，但看他的描述，应该是乌龙茶、红茶之类，不知他有没有饮过牡丹，我倒认为这茶与他最贴合。

寿眉：山野的味道

如秋天扫起来的落叶，若午后收集起来的散阳，透亮的茶汤也似秋光，有如那片片茶叶收集来的春夏暖阳都释放出来，浸在茶汤里，汤味也是太阳的味道，暖暖的，有芳草气。其貌不扬的寿眉每一次总会给人一种惊喜，一种启示。

浅述寿眉

寿眉，是用级次较低的大白茶或菜茶按照白茶的工艺加工制成，产地为福建福鼎、建阳、建瓯、浦城等地。制法基本同白牡丹。鲜叶原料有大白茶和菜茶——有性群体茶树，取一芽二三叶，经萎凋焙干而成。寿眉采摘时间，最早也得4月20号以后，所以每年"五一"以后我们才能喝到新的寿眉。春末的寿眉滋味比较醇厚，汤水鲜而甜，而白露寿眉，香高扬，汤水稍显单薄。

寿眉的外形，很多人看了不以为是茶，以为是扫起来的落叶。寿眉干茶的色以灰绿色为主，泡开后是翠绿，干茶形状自然，稍有卷曲，所有的样子都是天成，没有刻意的揉捻和做形。杯中的茶汤一般是浅琥珀色，洁净而透明的黄，寿眉的香气以草香为主，夹着果香，还有太阳的气息，用茶专业的表达便是：寿眉干茶毫芯显，色泽褐绿，汤色橙黄，味醇爽，香鲜纯。

寿眉和贡眉的差别

贡眉，最初的原料用菜茶，由于形状较瘦小，形状似眉毛而得名。贡眉的级次分为：一级贡眉、二级贡眉、三级贡眉、四级贡眉。用菜茶做的贡眉要求一芽二三叶，茶青低于牡丹，原料需要有嫩芽、壮芽、叶，叶不能有对夹叶。（对夹叶，也称为“不正常新梢”“异常芽叶”，是顶芽生长停止的新梢靠近顶芽形似对生的两片叶子。）现在由于菜茶的量较少，贡眉也用原料较差的大白茶制作，原料品级介于白牡丹与寿眉之间。

寿眉

贡眉

寿眉，是以福鼎大白茶、福鼎大毫茶、政和大白茶等作原料，等到4月下旬，芽叶长粗老后才可以做寿眉。

所以，严格意义上来说，现在的贡眉是以福鼎大白茶和政和大白茶等作为原料，采摘标准一芽两叶或三叶，叶形比白牡丹大，和原先的小叶形贡眉不同，这样的成茶称为贡眉。

寿眉的冲泡概述

对寿眉的冲泡，最是没有章法的，可以用一个大瓷缸，也可以用一只碗，当然紫砂壶、盖碗、玻璃杯更好。

在春夏秋冬四个季节，我做过各种冲泡方法的对比，相对来说，要是夏秋，可以试试碗泡，这种方法最适合大叶的寿眉，泡出的汤会给你意想不到的惊喜，茶的鲜香和清甜都得到了最大程度的保持。

春天可以用盖碗冲泡，就像把香都归拢在一起，打开碗盖，清香一股脑儿冲出来，再看盖碗冲泡出的汤，滋味浓醇，所以盖碗是老茶客试茶喜欢用的器皿，它拢香聚味。

冬天建议用紫砂壶泡寿眉，还建议公道杯也用紫砂壶来替代，这样可保持茶汤的温度，冬天还能感受到春天的温暖，岂不是美事。

对于其他冲泡方法就不做介绍了，自然随意正是合了寿眉的心，所以冲泡寿眉的方法只要是自己喜欢就好，没有一定之规。具体方法后面讲述冲泡章节有详细演示。

吾识寿眉

识寿眉，一定要抛开成见——对茶外形的一种固化概念，寿眉在一定程度上是对一般价值观的颠覆。每次看到茶友对着一堆老树叶般的寿眉露出不屑的神情时，我就知道接下来我要被提问，一般质疑两个问题：第一，这是茶吗？第二，这茶能喝吗？我的回答是：是茶，很好喝！当他们喝过寿眉后，都有不同程度的反省，检省自己为什么会有那许多成见，为什么自己见识那么短浅，为什么会以形论茶。我的心里暗喜，他们已经品到了茶味，这味让人深省，也算一种了悟。

和白茶相伴了这么多年，见过很多单爱寿眉的人，其实他们有很多相似的地方，偏爱寿眉的人常常不注重外表，重内质，更实际，不在意过程，而要求结果，喝茶的口味一般偏重，这样的喝茶人同样还会喜欢岩茶、生普洱之类的重味茶。

一直认为，世间万物都有通性，茶，人，器，以及泡出的茶汤，仔细想来都如出一辙。喜欢细品银针的人，一定喜欢精致的景德镇手绘青花粉彩杯，水要矿泉水，公道杯也要琉璃的手柄，茶席看似简约，可每一个细节又都是精心布置，喝银针，享受精致的茶生活；喝牡丹的人，有时注意与茶相关的各种要素，有时只用一个玻璃杯也是满心欢喜，茶汤或浓或淡，不一定，随心，当下，不过一杯茶；喝寿眉的人随意大方，用的器物也多是粗放的轮廓，茶汤更是滋味厚而洌，品，一般不，他们都是豪饮居多，一大壶，一大杯，健康的饮料，就应该这么喝的。

提到“喝茶”，我经常和茶友分享喝茶的几个阶段：第一阶段，喝茶，把茶当饮料来喝。在我小时候，记得妈妈会用白瓷缸泡一缸子茶晾着，我放学回来一口气头也不抬地喝干净，那个时候不知道什么是味道，妈妈说，茶解渴；第二阶段，品味，品咂滋味，那是后来的事情，品茶中千百种香，千百种味，千百种甜，往往会被一种滋味吸引，久久不能自拔，日夜地想着那种特别的香，得到了，便如珍品般，好友来了，才拿出来分享；第三个阶段，品心情，茶要是好茶，但若不是极品，也无妨，心情怡然，听一段音乐，点一炷好香，摆弄珍爱的紫砂壶，这时“不羡神仙，不羡天”；第四个阶段，茶禅一味，独自静静地泡上一壶茶，这时，心，端端地放在那里，开始自己和自己的对话，品杯中茶，也品万千事。

一点儿迷醉——新工艺白茶

什么是新工艺白茶

新工艺白茶是在原来传统工艺白茶的基础上，工艺制法做了创新，增加了发酵和揉捻两道工序，形成了区别于传统白茶的新工艺白茶。新工艺白茶是20世纪70年代白琳茶厂创制出来，为了出口的需要，迎合西方人的口味。具体工艺为：鲜叶采摘——自然萎凋——加温萎凋——堆积发酵——轻揉捻——干燥，它的茶青要求为低档的牡丹和寿眉、贡眉。专业评茶用语这么描述新工艺白茶：外形卷缩，略带褶条，清香味浓，汤色橙红，滋味浓醇清甘，香气馥郁，叶底展开后色泽青灰带黄，筋脉带红。

新工艺白茶由于是迎合西方人的口味，有类似红茶的滋味，但是又有白茶的清香，还有烘焙的香气，浑然天成呈现不一样的风味，有一点儿迷醉的感觉。

新工艺白茶和传统工艺白茶的区别

主要从工艺、茶形、茶色、汤色、口感去区分，尤其要辨识和老白茶的差别。

相对传统白茶，新工艺白茶增加了轻发酵和轻揉捻的工艺。轻发酵，是新工艺白茶制作的特点之一，将萎凋适度的茶叶进行堆积，气候干燥温度低，堆积厚一点，达到 20 ~ 30 厘米，天气潮湿，温度高，堆积得薄一点，15 ~ 20 厘米就好，历时 3 小时左右。这道工艺，可增加茶的味道浓厚度，还增加茶的糖香味。当然发酵堆积工艺让茶更有柔韧度，为下一步揉捻工序做更好的准备。揉捻，是新工艺白茶的核心独有工艺，由此形成了它特有的外形和特殊的滋味，它的揉捻要求是轻压和短揉。一般揉捻的要求是嫩叶轻压、短揉（5 ~ 10 分钟），老叶加压、加揉（15 ~ 21 分钟），也就是嫩叶轻轻给压力，揉捻时间短，而老叶由于不易成型，压力加大而且揉捻时间要加长，如此，才能形成新工艺白茶的独有特征。

新工艺白茶相对于传统工艺白茶，外形比较匀齐，成形多有揉捻过的褶皱，颜色浅褐色。而传统工艺白茶外形呈自然舒展，没有人工揉捻的痕迹，干茶颜色一般以白色、灰绿色、墨绿色为主。所以从外形上比较容易辨认。新工艺白茶外形有点儿像低档的正山小种，但是干茶香味不同，新工艺白茶干茶在焦甜味中还透着白茶的清香，所以滋味很容易辨别。

新工艺白茶

新工艺白茶冲泡后，由于发酵程度比传统白茶重，汤色更深一些，泡久了，就是橙红色，而传统白茶一般的汤色就是黄绿、杏绿、深黄，汤色的差别也很大。

新工艺白茶茶汤的口感更醇厚，更柔和，更像放了几年后的白茶，而新白茶的口感更清鲜，有鲜嫩的味道。新工艺白茶从干茶色、汤色和口感都容易和老白茶相混淆，所以在品鉴的时候要区别是否为老白茶。一言以蔽之，老白茶有岁月的陈香，这是新工艺白茶无论如何也达不到的，即便茶色和汤色已经有了老茶的模样。

茶最后落实到一个“喝”字上，所以用心品味，才是喝茶的正道。

第四章

雕刻年轮

——老白茶

只知道，人老了，更具智慧，物老了，蓄满故事，那茶老了，是怎样的呢？一箱茶可以静静地在库房的某个角落一放就是十年，可以在家里的柜子，一忘就是七年，再打开，茶色已近黑色，蒙着灰，是深褐色的外衣。每次看见老茶，无论是老普洱还是老白茶，心里都会有一种敬重，不由得肃穆起来，定神地看着茶，心念早已穿回到十年前的某天，一位年长的妇人，为刚出生的外孙女亲手做的茶，箱体上写上某年正月十九，一切自然而平静，一层层地包裹起来，安放在通风阴凉处，只等她大了，一个特殊的日子，打开，品味成长的印记……

白茶和其他的老物件一样，随着时间雕刻的年轮，记录着一年年的光阴，我们品老白茶，品陈香，感受顺滑，感受醇厚，感受岁月沉淀的厚重，茶汤的颜色已经如葡萄酒般的红，滋味饱满而有张力。

这几年，人们喝白茶的热情越来越高，无意间，品饮老白茶被当成了一种品位的象征，一种资深茶人的表达，那什么样的茶才能称为老白茶呢？

老白茶的定义

老白茶，俗称陈白茶，是指在自然状态下存放了一些年份的白茶，一般陈放三年以上的白茶才能称为老白茶，包括老银针、老牡丹、老寿眉（老贡眉），但是从严格意义上说“老”白茶至少应该存放七年，才能有“老相”，从色、味、形、内质都呈现年份感。

现在很多人对老白茶有两个误区：一个是白茶越老越好，另一个是老白茶就是老寿眉。

针对第一个误区，我们一起探讨。我们都知道，任何东西的存放，都有存放条件要求，如果存储条件不够，这个东西就会变质。茶，对环境的要求更高，要想得到一款好的老白茶，需要密封、常温、干燥，最好还有通风的条件，否则，茶就会霉变，产生对人体有害的物质。去年，我的一个朋友，好不容易帮我找到一箱银针，十年有余，兴冲冲地打开试喝，不想一口喝下去，腹痛难忍，还有想呕吐的感觉，喉咙也不舒服，如中毒一般。这样的茶，无论多少年，无论茶有多少故事，请你一定要远离，为了健康。

一个资深的同行幽默地说“喝茶是一件凶险的事”，又道：“喝茶有风险，端杯需谨慎！”看似调侃的话，是有几分深意的。对于老茶，你根本不知道它的变迁，它的经历，它的出处，如果仅仅凭自己肉眼所见，耳所闻，口内味觉的感受来判断根本不够。故事可以创编，茶色可以伪造，茶味可以添加，然而有一样是怎么都骗不过去的，那就是我们身体的感受，一般简称为“体感”。人的身体就是最精密的检测仪，感觉好的，就是好茶，那么外在的茶形、汤色，就不很重要了。

还是说说喝老白茶的事，老白茶由于是存放了三年以上的茶，所以茶色比较深，汤色随年份的增加逐年加深，一般五年左右的茶呈橙红色，汤色透亮，口感醇滑，甘甜，它的香更多是蜜糖香和幽幽的花香，伴着淡淡的陈韵。前些日子有两个茶友带来一款白茶，说是老茶。对于老茶，一定是有年份的茶，或以三年为界，或以五年为界，或以七年为界，在保存没有问题的情况下，它一定是越来越醇和，越来越温润，茶毫亦完整。但这干茶看上去呈淡褐色，芽头还算齐整，毫极少。而当我们冲入开水，那道老白毫银针，分明有焙火的味道，且茶毫殆尽，虽茶的颜色也像老茶，但茶味还有很重的涩，有锁喉之感。

由此可知，并非越老的茶越好。在我们喝茶的同时，难免有很多的尝试，但是千万不要让追求极致的心态为一些人提供了作假的借口。事实上，自己存一款茶，感受茶的变化也是其乐无穷的。

第二个误区是有一些人会常常问及，老白茶，是不是就是老寿眉。答案当然不是，老白茶，有老白毫银针、老白牡丹，还有老寿眉。再问，那怎么所见老白茶都是老寿眉。要知道，每年的白毫银针只有在清明前可以采摘，极少是明后的，品质好的白牡丹也是以明前为主，明后的茶也不多，到了 4 月中下旬，茶树叶长大了，都以寿眉为主，一直到 11 月份都可以采摘寿眉，所以寿眉的产量很大，而银针、牡丹相对比较稀有。在白茶还没有很大市场的时候，白茶本身产量也少，茶青多做成了绿茶和红茶，也就是福建翠芽、白琳工夫、政和工夫等，甚至窨制成花茶。制作白茶看似简单，其实不易，要求天气，要求场地，要求做茶人的手艺。故而，留下来的多是寿眉，那很多人以为老茶就是老寿眉也是情理之中了。事实上，能得一款存储得当的老银针在老茶人眼里稀贵如珍宝。

品赏老白茶

刚采下来的新茶，清香甘甜，喝的是口感，但此时的茶寒性大，身体虚寒的人不宜多饮；陈化三年后，茶性开始慢慢转变，颜色也越来越深，汤色由原来的杏黄色变为橙黄色，这时候的香气没有新茶那么明显，但是滋味开始多了醇厚和蜜甜；七年后的茶，颜色近似深灰绿色，汤色也由橙黄变橙红，茶味都融在汤里，干茶的香气基本上闻不出来，但是冲泡后会有扑鼻的茶香，这种茶香不是清香，是有草药味的香。

如果你是幸运的，会品到更老的茶，比如十五年左右的土茶，或者已经不知道年份的老白茶，它们干茶的样子不仔细辨认你会以为是黑色，但仔细看，其实是深墨绿色，泡开后的茶汤开始是酒红色，然后是橙红色，泡到十泡以后就呈橙黄色，一般可以出汤三十多次，等茶味淡去，就可以点火煮茶了，品质好的老茶通常可以煮三次，每次汤水滋味都有不同程度的差异，打开煮茶的壶盖，你会闻到浓浓的粽叶香。老茶，到达一定年份的老茶，在冲泡过程中，你会感受这些香，首先是浓浓的药香，再后来会有枣香，枣香褪尽，你会闻到粽叶香，也有人说那是米香，可能记忆里粽子叶的香味里都裹着糯米的味道，这时，汤水已经有些稀薄，对茶味要求高的人，就停杯了。每次喝老茶，感觉就是一同走过一段沧桑岁月。

老白茶的功效——“一年茶，三年药，七年宝”

白茶是什么？很多人脱口而出：“一年茶，三年药，七年宝。”如口诀一般，在福鼎，妇孺皆知。这九个字，只白茶独有，于是渐渐成了白茶的另一种表达。

提高免疫力，清肺、祛寒

都知道长期饮用白茶可以提高免疫力种种，对于老白茶的特殊功效近几年来越来越受人们的关注。说到老白茶，它不仅有白茶的诸多功效（有专门的章节介绍白茶的功效），因为陈化了多年，寒性越来越少，渐渐呈温性，所以体质寒凉的人可以长期饮用，冬天可以把老白茶放在陶壶里煮，再加两颗冰糖和红枣，对于祛寒和清肺都很有效。

败火、消炎

老白茶对败火、消炎有很好的辅助疗效，特别是对慢性咽炎和伴有发烧症状的呼吸道感染有很好的疗效，对孩子的感冒咳嗽治疗效果也很明显。福建人有一些白茶偏方大家可以借鉴，如，将3克左右的白茶放在碗内，再放入温水，加冰糖10克，隔水蒸15分钟即可。

三抗、三降——抗辐射、抗氧化、抗衰老，降血糖、降血压、降血脂

老白茶，具有白茶的功效，由于

时间让它变得温厚敦实，药性更持久。对于老白茶的临床试验，国内外已经做了很多，一致得出结论，老白茶对于降血糖、降血压、降血脂有明显的功效，尤其是降血糖功效尤为显著。其实不仅是临床医学给我们提供研究成果，我们身边也有血糖改善的例证。我有一位老茶友，坚持喝了两年多的老白茶，原本需要药物维持血糖的正常值，一天需吃药两次，喝半年后，改吃一次药，现在已经把药都停了，血糖还是处于正常值。开始我以为他是夸大其词，觉得喝茶所摄入的对于降糖的有效成分量应该不够，但是后来得知，他每日必喝两壶浓浓的老茶汤，饮食也配合上，加上锻炼，自然是有可能的。当然每个人的状况不大一样，所以结果也是不尽相同，茶的功效仅限于保健，由于浓度没有到一定量，希望在短时间内得到体质改善，这几乎是不可能的。

缓解高原反应

老白茶除了有大家熟知的功效之外，还有一个有待探究的功效，就是可以缓解高原反应。高原反应也称为急性高原病，是人体急进暴露于低氧环境后产生的各种病理性反应，是高原地区独有的常见病。常见的症状有头痛，失眠，食欲减退，疲倦，呼吸困难等。头痛是最常见的症状，常为前额和双颞部跳痛，夜间或早晨起床时疼痛加重。一般治疗方法就是加大供氧量，也有辅助的药物治疗，其中会用到氨茶碱。氨茶碱具有舒张支气管，增加心肌收缩力，并可降低肺动脉压，改善换气功能的作用，是可以常规使用的药品。氨茶碱的主要成分是茶碱和乙二胺复盐，其药理作用主要来源于茶碱，乙二胺只是增加其水溶性。

老白茶里有一种物质叫茶碱，茶碱可使血管中平滑肌松弛，增大血管有效直径，增强心血管壁的弹性和促进血液循环，从而有效地缓解高原反应，正是治疗高原反应的有效药物成分。

有人会提出，那其他茶里也有茶碱，同样也可以缓解高原反应吗？当然可以，但是注意有茶碱的同时，千万别忽略茶性，老白茶温和，且白茶走肺经，这也有定论，那么，去高原旅行的我们，首选的当然是一款顺口的老白茶。

老白茶的鉴别

鉴别老白茶不是一件容易的事情，这需要经验的长期积累，这里我只说说一般的鉴别方法，从干茶、汤色、口感、体感及叶底来细说。

看干茶

一款茶拿到手，首先看干茶的茶色，达到一定年份的老白茶，和新茶相比，干茶颜色都会有很大的差别。十年以上的颜色是深褐色，近乎黑色。有个可爱的茶友，见到十多年的白牡丹，脱口而出，这是东北野生木耳啊！细看，果然茶叶干有些卷曲，且色呈蒙灰之状。而五年的就不同，明显还能看见浅褐色下面的绿，三年的要是散茶，和新茶相比，绿有点褪掉的样子，呈现灰绿。当然，散茶和饼茶也有很大的差别，同样年份的散茶颜色不如饼茶那么深，这是由于饼茶是在散茶的基础上加了工艺——蒸气蒸压以及烘干，这样无形中茶多了道发酵，体现出来就是颜色会深。

观汤色

再看茶汤的颜色。十年以上老茶的颜色呈浓重的酒红色，而五年的会是橙红色，三年的还是橙黄色。顺便

2000年老寿眉

新老白牡丹对比（左新右老）

老寿眉和新工艺对比（左老寿眉右新工艺）

说一句，茶汤的透亮度和茶青的品质有关，和年份的关系不是很大，当年品质好的野生茶茶汤清亮见底，十年后便是油亮可鉴。

口感甄别

从口感，相对来说比较容易鉴别茶的品质、茶的年份。好品质的茶，冲泡过程中就有体现，迎鼻的香，一般是药香掺着蜜甜香，还有一种就是枣香，有了一定年份的茶，比如十五年以上，在福建存放的，会有陈香，闻起来就是一种东西放久了的封尘味，和霉味有差别，它没有刺鼻让人不舒服的感觉，只是觉得已经是一件老物件了，一遍一遍地泡老茶，就像一遍一遍地吹掉尘土，露出茶味。五年的茶依稀还有青草气，但茶汤的滋味已经醇和了很多。时间这个东西，就是奇怪，把人的性格磨掉了，也来磨茶，好在磨掉的都只是外在的虚华，真正的茶气还在，而且爆发力比新茶更甚。我有这样的感受，喝到一款老茶，两口下去，全身通畅，而后脑部会有轻汗，后背热热的，似乎有人给你按摩，本来手脚冰凉也一下子暖和起来。常说老白茶暖胃暖身，只有自己感受才真切。

细品滋味

在品饮的过程中，滋味也是鉴别年份的关键。十年以上的老白茶，若存储得当，无论在北京存放还是福建存放，茶汤的滋味喝起来都丰富有内涵，有人形容为圆润润的感觉，软软的就滑到身体里。五年左右的茶，香气犹在，滋味较新茶少一些张扬，多一些韵味，含在嘴里，甜香兼有。近两年的茶，再怎么伪装也有破绽，首先是不耐泡，汤色不够亮，滋味薄而烈，喜欢对口内味觉冲撞的人，不妨选择这样的茶品。

体感

体感，是老茶鉴别里最关键的法宝。一款上了年份的老茶，喝下去的感觉是一种熨帖，身体通畅发轻汗，手脚会有暖暖的感觉，思绪陷入回忆，身体浸在暖融融的老茶里，是冬天最奢侈的享受。

看叶底

鉴别老白茶最后一道程序，就是看叶底，是老茶，它的叶底条索清晰，像老咸菜干的样子，好的老茶叶底还会油亮有光泽，色泽是近似黑的墨绿色，当然这样自然存放的老茶不常见，近乎绝品。

老牡丹（右）和老寿眉（左）的叶底

老茶饼的争议

这里我们讨论两个问题：一个是白茶饼，还是白茶吗？另一个是散茶一定比饼茶好吗？

白茶饼还是白茶吗？

白茶饼，从 2007 年始创，天湖茶业有限公司做的“白茶第一饼”，为现代意义的第一批白茶饼。历史上按记载也是有的，但是那时候是用银丝白毫所制，大小如掌，作为皇上的贡品，制作方法洗、蒸、碾压、烘，和我们现在所说的白

① 2005 年白茶饼

② 2014 年白茶饼

③ 2009 年土茶饼

④ 中国白茶第一饼

⑤ 2009 年土茶饼（浙江宁波福浙茶业提供）

茶饼很不一样。我们现在喝的白茶饼，在白茶散茶的基础上，加了类似普洱的两道工艺——蒸压以及烘干。

中国茶类的划分依据，是按照加工方法来分的，白茶之所以称白茶，是因为制茶工艺是萎凋和干燥，若为其他，则为其他茶类。有人质疑，那么白茶饼还叫白茶吗？

从严格意义上来说，应该称作白茶紧压茶，是以白茶为原料紧压而成，和传统的白茶有些区别。压成的白茶饼可以极大地减轻库存的压力，一百斤的茶要是压成饼只有一百多片，两箱即可，要是散茶装成箱，要五大箱之多。饼茶携带也方便，薄薄的一片茶，一把壶，就可以行走江湖了。

其实，压饼，更多的人关心它的功效。喝白茶，很大一部人是为功效而饮，那工艺发生了变化，茶叶具有的功效有效成分还在吗？当然在。因为茶底经过蒸压，香气会受到影响，然后又烘干，这样无形中加速了白茶的转化，所以同年份的白茶饼茶汤色要比散茶深，口感更醇和。

白茶饼的压制，一般有经验的厂家会将陈化三年的老茶压饼，而不会拿新茶做饼，陈化三年后，茶性相对稳定，此后的转化渐渐地减慢，这时候可以压饼存储。若当年的新茶压了茶饼，鲜爽气喝不到，醇厚度也没有，新茶压出来，茶汤常常会出现酸闷的味道。所以当年品质好的茶，建议就散着存放，三年后看看转化程度，如果呈现“老相”，可以考虑压饼。

由于白茶的压饼工艺不是很成熟，很多饼茶会出现这样或那样的问题，比如有的茶饼压得太实，很不利于后期转变，有的甚至有“焦心”，有些人会把“焦心”这种现象和存储不当的霉变相混，其实“焦心”出现的原因主要是因为茶饼压得太实，没有及时烘干饼心，以至于出现了“碳化”现象，这样的茶可以饮用，但是茶饼内外的口感差异比较大。

散茶一定比饼茶好？

散茶一定比饼茶好吗，这个问题，很多人都会问，很多人都会想。我想这个问题可以从几个角度去看，一个从茶叶的年份来看，还有从白茶的品种来看。

从茶叶年份看，新茶，由于味清鲜，若经过高温蒸压后，茶味有闷熟的青味，而陈化几年后的白茶，茶性较稳定，茶味也醇和，这时候压饼，比较适宜，存放方便，而且口感还有层次。故而，就新茶而论，散茶比饼茶滋味清香，口感爽甜。就老茶而论，饼茶比起散茶，各有优势，饼茶存储比较方便，口感相对原来的散茶，也不会有太多的改变，滋味由于在蒸压烘干过程中发生了轻度的发酵，使得口感更加醇厚；散茶，口感纯度高，对于后期进一步转化比较容易。

从茶叶品种看，适合压制白茶饼的以粗老叶的寿眉为主，有些低级牡丹压饼的也比较多。银针都是单芽，压饼会破坏它的芽形，白毫也会有一定程度的脱落。所以银针一定是散茶比饼茶无论是滋味还是香气都要好。白牡丹，级次高的如同银针，也是建议散存，不宜压饼，级次低的牡丹，陈化三年后，可以制作饼茶，对茶味的提高会有一定程度的帮助。寿眉，陈化三年后压饼，当年还是喝散茶的鲜爽度。总之，适合压白茶饼的以粗老的寿眉为主，并且需要陈化三年以上。

关于老白茶的一点儿忠告

真正的老茶，在我眼里是奢侈品，不是因为它很昂贵，而是因为它身载几千个日月的流转，而且它真的很稀有，若能喝到一款保存得当，茶青上乘的老白茶，只能说你是多有福气的人啊。

在挑选老白茶时，请避开卖茶人给你的故事，避开告诉你的年份，避开所见的茶色，请用心去喝，必要时，闭上眼睛，听听自己身体的回音，喝下去，舒服的，就是适合你的好茶。每个人体质有别，一段时间身体状态也有高低起伏，所以一定要撇去外在的标签，比如品种，比如年份，比如产地，这些都不重要，茶，最后落实到一个字，就是“喝”，健康，身体舒服是喝茶需求的根本，千万不要舍本求末。说到这儿，记起一些想喝白茶的朋友经常问我有没有二十年以上的老白茶，我反问他，为什么一定要喝那么老的茶，他回答坚定而直白，道：“喝白茶，一定要喝二十年以上的老白茶才够档次！”这样的回答很诚实。其实他喝茶不是为了自己喝，是为自己的面子而喝茶，网络也在宣扬一种品质生活，喝着老白茶，燃着沉香，把玩一串珠子……我不否认这样的生活确是很惬意，但若是为了炫耀而摆弄似是而非的品位物件，就不是惬意，而是把自己当一个直播间的主角，恨不能别人都知道自己已经有这样的生活了，若没有人欣赏和羡慕，茶就喝得落寞而无味，不如一杯白水。我一边为这种人悲哀，一边为茶鸣不平，茶落到这样人的杯里，只能是明珠暗投。还有，不知道你有没有发现，因有这样的执着，市面上的老茶就越多，试想，二十年前，有多少人在做白茶，有多少人在存白茶，这难道不是在鼓励一些商家造假吗？有买家才有卖家，如若每人都真实面对自己，只要茶合自己的口味，喜欢就好，那么杯中茶和心所念可能会不一样。

比较推崇一个资深茶友的喝茶理念：茶，很简单，分能喝和不能喝，能喝的论你的喜欢，不能喝的统统扔掉！听起来，有些极端，但很实用。

很多时候，人在喝茶的时候，像是被茶牵着鼻子走，一说要喝十年以上的老茶，就被十年固定住了，成了定式，觉得十年以下的茶都不好喝，还造了很多理由。执着有时候不是坏事，我也经常为一把壶、一只杯子牵梦多日，可每每得到了，成了厅室中平常的一个摆件，便渐渐忘了它的存在，回头想来，不如不得，倒还稀罕。总觉得，人喝茶，不能为茶所累，那样全没有喝茶的乐趣。

在大家一味追求喝老白茶的时候，请停下脚步，看看新茶，其实新茶的鲜灵度，蕴含着的春天的气息，是老茶不可及的。对于老茶、新茶，我觉得二者只是不同，没有高低之分，不要因为你是喝老茶的就觉得自己比喝新茶的水平高。喝茶，主要看你想要怎样的口感，怎样的味道，鱼和熊掌各有其美。

第五章

至真至简，至纯至淡

——白茶的加工

每次喝茶，看杯中万千丘壑，或红或绿或青或黄，总想一个问题，一片树叶，怎么会有如此多的变幻，茶家族的成员多达数以万计，我们的先人得做多少尝试才能做成这么多品种的香茗，让茶的世界如此芬芳，如此多彩……

万种茶，不外乎归为六大类，为绿、白、黄、青、红、黑，这六类茶囊括了所有的初加工茶，这六大茶类称为基本茶类。再加工茶和深加工茶不属于六大茶类的讨论范畴，这里需要说明一下，大家所熟知的花茶就属于再加工茶，还有各种花草茶，属于代饮品，也不属于六大茶类。

白茶制作技艺的传承

前面我们已经知道六大茶类的分类依据是加工工艺，这里我们将一起重点探讨白茶特殊的加工工艺——看似简单然而并不容易。先看看老制茶人怎么说：“做茶其实很辛苦，早晨要早起，晚上要晚睡。 白茶做起来看似容易，做好也很难，大师傅也有失手的时候。”说这句话的人是梅相靖，福鼎白茶制作技艺传承人，他也是点头镇柏柳村白茶梅山派的传人。他的祖父梅伯珍〔生于光绪元年（1875年），字步祥，号筱溪〕以种植、制作、经营白茶起家。据梅氏后人梅秀菁《筱溪公传略》载，梅伯珍年轻时以茶业为生，1939年被推荐为福鼎茶业新设示范厂总经理兼副厂长，1940年任福建省茶业十厂联合采办经理。随后几十年他奔走于新加坡等地做茶生意，闻名海内外茶界。梅伯珍晚年回到家乡柏柳村，把自己经营白茶的经历整理成稿，名为《筱溪陈情书》，内容详实，现存原稿。文中有叙：“时余负有微债，仅分小店屋榴半，茶园数坪，余无别业……幸蒙岳父陈君奉来白毛茶（即白茶，福鼎方言）苗数十株，嘱咐我开山栽种，几年分支同插，不数年间，可收获六七十元。”梅伯珍66岁时，时任福建省建设厅厅长庄晚芳题写“莽苑耆英”牌匾赠送，匾额上还有一段文字：“经理业茶有年，素报提高国产为宗旨，对产制之研究尤有心得。本年襄助鼎产改良制造，足为诸商示范。将来闽茶之声色，实有赖于先生之赐也。爰弁数语，以志阙功。”可见梅伯珍先生对白茶的贡献非同一般。这匾额至今还保存在他的曾孙梅宗亮家里。查了相关资料，根据梅氏谱系结合白茶技艺传承情况，我们看一下福鼎白茶制作技艺梅山派传承人排序：梅伯珍是第一代传承人；第二代是梅伯珍的四个孩子，分别是梅毓芳、梅毓厚、梅毓淮、梅毓银；第三代为“相”字辈，子嗣众多，做茶的人也不少，但有突出表现的就属梅相靖，所以定他为第三代梅派白茶技艺传承人；第四代为“传”字辈，梅氏子嗣众多，暂未定人选。

事实上，福鼎白茶传统制作技法要是再细叙，据福鼎乡土文献记载，福鼎白琳翠郊吴氏也算一派，据说系春秋时期吴国夫差的后裔，清乾隆年间做白茶，生意兴隆，家业兴旺，至

古迹

梅相靖先生

今规模宏大的吴氏古民居和相关的制茶工具依然可见。在清咸丰七年（1857年），福鼎点头镇柏柳村陈焕、张吓钦等人发现“绿雪芽”茶树后，也移植家中栽培。光绪三年（1877年），黄岗周开陈也移植、培育了白茶树。所以，吴、陈、张、周理论上才是第一代白茶传承人，可由于无法理出传承脉络，所以就搁置了。还是梅派传承脉络清晰，文字记载详实。

老茶人梅相靖之所以能成为传人，是有他独特的制茶技法与心得的。且听他说说传统白茶的制法：“采青，以前讲‘一刀一枪’，现在的说法是‘一芽一叶’；晾青要掌握时间，晚上晾到室内竹匾上，让室内通风，茶青软了以后早上拿到户外晒，要背着阳光晒，不能直晒，阳光太强，茶叶就会发红。白毫银针要摊开晒，摊得很稀，一个竹匾的茶叶只有一两。银针以晒为主，以焙为辅，用竹笼木炭焙最好，耐放，不易变质。”他每年按传统的白茶制作方法，大概只能做十几担（约合一千多斤）的白茶。梅相靖喜欢以古法做白茶，他说：“自然萎凋的白茶喝了不胀肚子，室内萎凋的就会。”

老茶人制作白茶用的古法，其实就是上古晒制草药的方法，工序简单然而做法不简单。

白茶的加工方法简单而言，归结为六个字：采摘——萎凋——干燥。采摘，就是茶鲜叶的采摘；萎凋，是对鲜叶的萎凋，是一个水分的散失过程；干燥，是对已经有八九成干的茶叶进行干燥。干燥后继而装箱，存储。适合制作白茶的茶树种有福鼎大白茶、福鼎大毫茶、福安大白茶、福云六号以及政和大白茶，这在前面已有介绍。而决定白茶品质的关键是采摘和加工环节。

白茶在加工过程中，核心的工艺，也就分为萎凋和干燥两道。具体加工种类又分为初制加工和精致加工、深加工。

白茶的加工流程

鲜叶的采摘

鲜叶的采摘按白茶品种分，要求各有不同，白毫银针的要求高，是以芽头肥壮、白毫显露的单芽作为原料；白牡丹其次，以一芽一二叶为原料；寿眉采摘的要求相对要低，有芽有叶，不带对夹叶就行。采摘方法有徒手采摘、机械采摘。

徒手采摘，就是不借助任何工具，直接手工采摘。这种方法是目前茶叶生产上最常用的一种方法。手工采摘的优势就是灵活方便，易于按照标准采摘，尤其对于茶芽的采摘，手工采摘有绝对的优势。手工采摘的茶树采摘周期长，批次多，缺点就是采摘费工、费时。具体采摘方法有：打顶采摘法（打顶养蓬采摘法）、留真叶采摘法、留鱼叶采摘法。采茶手法，有折采、扭采、抓采、提手采、双手采。

人工采茶

福鼎白茶银针鲜叶

政和白茶鲜叶

> 真叶：真叶是植物真正意义上的叶子，茶树叶片一般指真叶而言，因品种、树龄不同，有很大差异，叶形以椭圆形和圆形为多。
>
> 鱼叶：亦称“胎叶”。茶树上新梢抽出的第一片叶子。因形如鱼鳞，故得此名。

打顶采摘：适制高档银针。适合的茶树是二三年树龄的茶树，待新梢长至一芽五六叶以上，实施采摘。摘时要采高蓄低，采顶留侧，摘去顶端一芽二三叶，留新梢基部三四真片，以促进分支，扩展树梢。

手工采茶

留真叶采法：这是一种采养结合的采摘方法，新梢长到一芽三四叶时，采下一芽二三叶，留下真叶不采。

留鱼叶采法：新梢长到一芽二三叶时，采下一芽一叶，或一芽两叶，留下鱼叶不采。

机械采摘，也就是借助机械代替手工采摘茶鲜叶，这种采摘方法极大地提高了生产效率，适合低档白茶鲜叶的采摘。这种采摘方法对于提高产量有很大的帮助，但是仅限于低端的白茶采摘，对于采摘要求高的单芽或一芽一叶，机械采摘的鲜叶就不能符合要求。现在用的采茶机械多是日本的小型机械。

白毫银针采摘要求

首先，鲜芽的挑选。以春茶头一、二轮的顶芽品质最佳，到三、四轮后多为侧芽，较瘦小。有经验的茶农，将老茶树在头春采摘后，马上进行台刈，这样秋天又可以采到品质好的银针。“秋针”的品质和“春针”相当。其次，采摘要求也十分严格，规定雨天不采，露水未干不采，细瘦芽不采，紫色芽头不采，风伤芽不采，人为损伤芽不采，虫伤芽不采，开心芽不采，空心芽不采，病态芽不采，号称十不采。只采肥壮的单芽头，如果采回一芽一二叶的新梢，则只摘取芽心，俗称之为抽针（即用左手拇指和食指捏住茶身，以右手拇指和食指把叶片剥下，分开芽叶，芽称鲜针）作为加工银针的原料。

白牡丹采摘要求

白牡丹的采摘要求比较高，要求白毫显，芽叶肥嫩。品质好的白牡丹采摘标准是春茶第一轮嫩梢采下一芽一叶、一芽两叶，芽和叶都要求披白毫，芽叶的长度基本一致。级次高的白牡丹只在春天采，夏季芽瘦，不宜采摘。现在白牡丹一般采用大白茶作为原料，很少用到菜茶，由于菜茶量少，芽叶没有大白茶肥厚，制成的白牡丹无论从外形和口感都不及大白茶。

寿眉的采摘要求

寿眉采摘要求一般为一芽二三叶，采摘时间最早也要到4月下旬，以叶为主，有茶毫，并有少许茶芽。一般用福鼎大白茶和政和大白茶作为原料。

萎凋

萎凋是制作白茶的重要工序之一。所谓萎凋，是指鲜叶在一定的气候条件下，薄薄摊开，开始一段时间里，以水分蒸发为主，随着时间的延长，

日光萎凋（图片由陈兴华提供）

鲜叶水分散失到相当程度后，自体分解作用逐渐加强，随着水分的丧失和内质的变化，叶片面积萎缩，叶质由硬变软，叶色由鲜绿转变为暗绿，香气也相应改变，这个过程被称为萎凋。

萎凋分为室内萎凋和室外日光萎凋两种。制茶人要根据气候灵活掌握，以春秋晴天或夏季不闷热的晴朗天气采用室外日光萎凋，阴湿天气则采取室内萎凋或复式萎凋为佳。

日光萎凋

日光萎凋是将采摘的茶鲜叶均匀地摊放在水筛上，在太阳下进行晾晒，达到萎凋的目的。最好晾晒时间是早上 8 点到 10 点，下午 3 点到 5 点，鲜叶之间要有空隙，否则茶叶会有红边，最好是风和日丽的好天气，有点小风，二三级最宜，要是吹北风便是茶叶的造化，这样条件下做出的茶叶不仅滋味鲜，茶色还绿。

以 2014 年福鼎野生银针为例，若那几日适逢做茶的好天气，鲜芽薄薄均匀摊晾于水筛，鲜芽之间有间隙，不能交叠，有微风吹过，暖暖的阳光晒在茶叶上，一天下来就可以并筛，第二天如头一天劳作，晚上将茶堆放，堆放会促发轻度的发酵，如此反复，并筛，晾晒，堆渥，需要四天，一批银针才可以出来。这样的银针有太阳的味道，也有鲜灵度，滋味还有醇醇的甜。而这不仅需要天气相助，更重要的是做茶师傅的把握，每一个步骤完成得恰到好处，是需要经验和对茶敏锐的感知的。所以能品到品质好的纯粹日光萎凋出来的茶很不易，要天公作美，要晒制环境符合要求，还要做茶师傅的经验和悟性。总觉得，凡事做法都相通，深谙事物的规律，才能做到游刃有余、得心应手，这需要经验和感知力的结合，在那么多做茶的人里，能遇到一两位洞察茶性的师傅，实乃大幸。

室内萎凋

室内萎凋是指将鲜叶均匀摊晾在水筛上，置于室内，依具体茶叶的萎凋要求，可以人为提高室内温度，增加空气流通，加速鲜叶失水速度，从而达到萎凋的目的。室内萎凋可以分为室内自然萎凋和加温萎凋两种方式。

室内自然萎凋的方式和加温萎凋方式的选择应用，主要依天气而定，若空气中水汽大，温度也低，就需要加温，若天气晴好，鲜叶放置室内，便可以选用自然萎凋。

室内自然萎凋，就是将新采的鲜

芽均匀地摊放在水筛上，置于通风处或者微弱的阳光下摊晾到七八成干，这个萎凋过程没有人为的加温与增加空气流通，在自然的状态下完成萎凋过程。

传统室内加温萎凋的方式多为在室内置一个加温炉，增加温度，置排气设备，加速空气流通，室外配热风发生炉，通过管道均匀散布到室内，使得萎凋室内温度增加，提高失水速度，加速鲜叶萎凋过程。

室内萎凋的最大的优点是不受天气的影响，人为可控的因素多，萎凋的程度可以人为控制，室内萎凋节省空间，不像室外要求很大的场地进行晾晒。缺点是没有日光萎凋的滋味，还费工费时。

过去室内萎凋都是靠加温炉灶和加排风扇，来实现简易的室内萎凋。现在有条件的厂家用空调萎凋，这对于规模化生产很有必要。在不同的条件下做出品质稳定的白茶，要求做茶的师傅水平高，经验丰富，技术过关。室内萎凋对技术的要求尤其高，碰到阴雨天，若在室内萎凋时间过长，就会出现茶叶霉变腐烂的现象，时间过

室内萎凋

短，茶叶则会有青臭气，萎凋尺度的把握需要做茶师傅因实际情况的不同做相应的调整。

复式萎凋

复式萎凋要求制茶人根据制茶的需要将日光萎凋和室内萎凋相结合，这样做出来的茶既有晒制后的味道，茶汤也会更醇厚。一般采取复式萎凋是因为天气的原因，也有出于对茶品要求的考虑。

不同产地的白茶萎凋方法也不同，政和白茶采用的是室内萎凋，福鼎白茶采用日光萎凋和室内萎凋相结合的方式——天气晴好，采用日光萎凋；遇到阴雨，采用室内萎凋。

干燥

白茶的烘焙可用焙笼或烘干机进行，由于白茶萎凋方式、萎凋程度不同，故烘焙的温度和烘焙次数亦有所差别。

烘笼烘焙

烘笼（焙笼）烘焙是旧时的白茶干燥方式，主要用于自然萎凋和复式萎凋的白茶生产。其方法有一次烘焙与二次烘焙法。萎凋叶达到九成干的，采取一次烘焙；萎凋叶只达到六七成干的，需要两次烘焙。

这种方法只有在制作传统白茶的时候才会用，古法制作还会用炭火烘焙，这炭火烘笼烘焙法过程不仅烦琐，而且需要很丰富的经验和很高的技术，只有有经验的老师傅才能做得很好。

烘干机烘焙

萎凋叶达到九成干的，采用机焙，进风口温度70℃～80℃，摊叶4厘米厚度左右，历时至足干；七八成干时的萎凋叶分两次烘焙，初焙用快盘，复焙用慢盘，至足干。现在有的厂家为了提高效率，保持白茶的绿色，减少青味，烘干温度设置为120℃～150℃。这种干燥的方法，是

烘焙机

白茶分选

现在普遍采用的，能极大地提高生产效率，技术要求也没有那么高，易于操作，一次出茶量还大。

还有一种干燥方法，在天气特别好的时候才能用，就是一晒到底。这种做茶的方式对天气有很高的要求，包括气温、风力、风向、空气湿度，这种方式一次做出来的茶量不可能太大。这样的茶却是完全断了烟火气的，喝起来没有一点儿烘焙的味道，都是春日暖阳的气息，这种一晒到底的方法可遇不可求。

白茶的精加工

对于白茶精加工和深加工的记述，我比较推崇《中国白茶》里的文字总结，并做了节录整理，供茶友了解白茶初加工后的后继工序。

初加工后，需要对毛茶（鲜叶加工后的产品）进一步整理、挑选、拼配，称为精加工。由于毛茶的来源、采制季节、茶树品种、初制技术等不同，品质差异很大，质量也夹杂不纯。为使品质优次分明、纯净、匀齐、美观，必须进行精加工。白茶精加工的具体要求主要有：

（1）整理外形、匀齐美观。由于同一批茶中会有不同的形态、长短、松紧、曲直，通过加工进行处理，达到成品茶匀齐美观的要求。

（2）划分等级、各归其类。由于

茶叶分选机

毛茶粗嫩混杂，通过精加工，划分等级，统一规格。

(3) 剔除异杂，提高精度。就是把茶里面的杂质挑出来，提高茶叶的净度，提高茶叶质量。

(4) 充分干燥，发展香气。对于含水量高的茶，需要再次烘干，提高香气，易于存储。

(5) 成品拼配、调剂品质。依据各成品茶的特点进行拼配，取长补短，调剂品质，达到规定的质量要求。

具体技术要求

(1) 毛茶验收、复评定级、归堆。做好毛茶验收、复评定级、归堆是白茶精加工的开始，也是增加效率，减少成本的关键。

(2) 毛茶原料选配。由于毛茶品质特征不同，在付制之前要对原料进行适当的选配、调剂，充分发挥原料的经济价值，使加工后的产品达到规定的质量标准要求。

(3) 拟订毛茶加工计划和制率测定。根据毛茶加工生产任务，拟订全年加工计划，合理安排原料的使用。

(4) 毛茶加工基本作业及作业机械。整个加工程序有拣剔、干燥、拼和、匀堆、装箱等作业。因等级不同，白茶的精加工工艺也有差异。

主要精加工工艺

精制工艺是在剔除梗、片、蜡叶、红张、暗张之后，以文火进行烘焙至足干，只宜以火香衬托茶香，待水分含量为4%～5%时，趁热装箱。

白茶装箱

白茶的深加工

白茶的深加工主旨是最大限度地保留白茶的风味与保健品质。深加工品的基础形态是速溶的白茶粉、超微粉碎的白茶粉、白茶浓缩茶水，其他产品在这基础上再加工，比如许许多多的食品、化妆品、食品添加剂等等。

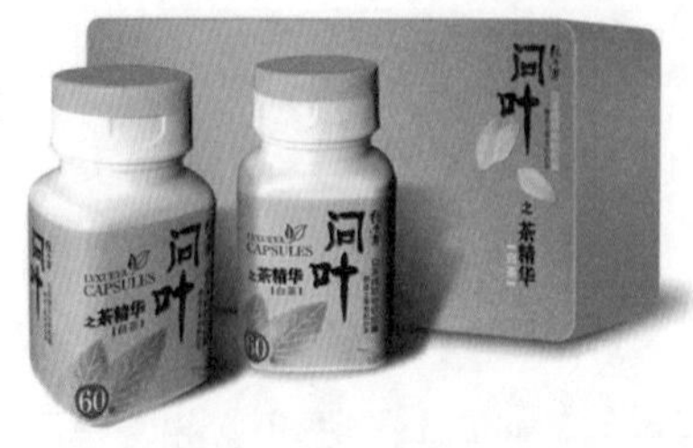

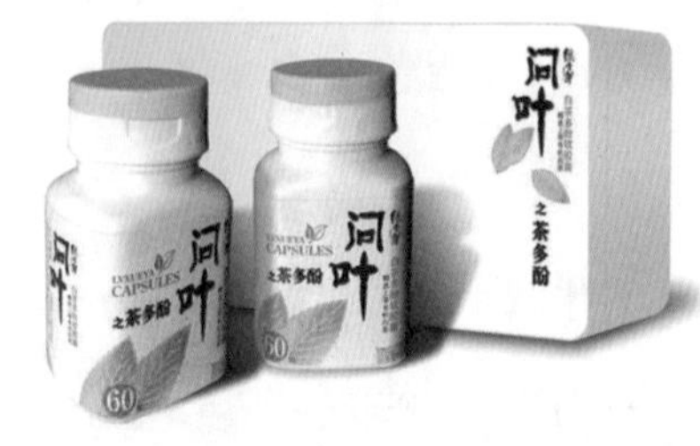

深加工产品

有关精加工的名词

撩筛：也称“捞筛”，茶叶精制工序之一。目的是分离茶叶的大小，包括长短、粗细、轻重、片末茶，以便分别加工。按照运动形式分圆筛和抖筛，平面圆筛又可分为分筛和撩筛，主要分茶叶长短和大小，需要反复三四次，第一次为分筛，以后几次为撩筛。

撩上、撩下：是指撩筛时具体撩起筛上还是筛下的茶叶。

枯红片：色暗红无光泽的叶片。质地粗老加工不当的毛茶，色泽常呈枯红，表明品质差。

红花片：性状粗大，色泽发红且带黄的叶片。

光细梗：是指没有茶叶附着，只有一根细细的梗。

老梗：是指粗老的梗，形同树枝。

蜡片：叶面平而有蜡质光泽的茶叶，一般呈金黄色，作为剔除对象。

资料来源：袁弟顺编著．中国白茶．厦门大学出版社，2006；陈宗懋主编．中国茶叶大辞典．中国轻工业出版社，2000.

工艺流程

根据《白茶标准综合体》的规定，有关白茶的制作工艺流程如下：

毛茶——匀堆——拣剔——拼配——正茶——匀堆——烘焙——趁热装箱。

1. 拣剔：拣剔作业是纯净品质的重要工序，主要以手工操作为主。

2. 拼配：主要根据各级标准样水平，确定花色级别，分别拼堆，称为各级茶坯。

3. 匀堆：按半成品匀堆通知单规定的各堆号茶的数量进行匀堆，做到各堆号茶上、中段茶分散、均匀一致。

4. 烘焙：白茶装箱前必须经过烘焙，要求高档茶烘干温度掌握在120℃～150℃，中低档温度在130℃～140℃。

5. 装箱：白茶装箱采用热装法，即匀堆茶随烘随装，茶叶烘到呈一些软态时装箱不易断碎。装箱用“三倒三摇法”，分层抖动、压实。

加工之道

白茶的加工工序简而言之，一晒一烘，即可。看似简单的制作方法，却不容易做到。我总说要做到“天时、地利、人和”方能得到一款好茶。一款传统制法的白茶，需要好的天气，气温在20℃～25℃，有二三级风，风向为北风，太阳朗照，温暖和煦，称为得“天时”；所采的鲜叶芽头肥壮，白毫披身，集山野之灵气，所谓得“地利”；做茶少不得需要一位资深的师傅，将茶如何均匀摊晾在水筛上，什么时候需要并筛，什么时候烘干，烘干设备的温度、风力的调定，所需时间是多少，都需要严格把关，灵活控制，这称为“人和”。只有同时达到天地人的极度统一，才能得一款极品的茶。我把这种简单称为精致的简单，完美的简单，极致的简单，而不是随意地一晒一烘，也不管茶色、茶味。这时候我总会想起摄影作品，美的作品都很相似，画面极简单，光与影配合得恰到好处，呈现出视觉的盛宴。每见到让人惊叹的摄影作品，就有走进去的冲动，同时还有一种疑惑，觉得那不是真的。有摄影的朋友介绍自己的作品说，为了一束恰到好处的光，需要几十次的尝试和等待，对于他，每一个作品都像一次邂逅，今生唯一的际遇。白茶，何尝不是这样的呢，每次看杯里的芽叶浮沉，不禁会感叹一片树叶的神奇，经过这样的简单工序，就完成了它完美的变身。白茶的神奇还有它的后期转变，不属于初加工的工艺，但对于老白茶，让茶性发生了一定程度的转变，应该算是加工的一个延续。有人说简单就是美，自然就是美，这两点，无论怎么看，白茶是做到了。

第六章

唤醒沉睡的太阳

——白茶冲泡技巧

总有一个梦，梦想自己可以收集春天的散阳，暖暖的，携着草香。打开收集瓶，就浸在春天里，有太阳晒过的青草味，似有似无的野花香，绵延的泥土气……春天，在南方，雨天多，即便不下雨，也是阴绵绵的，心情也跟着雾蒙蒙，一有太阳，心情才晴朗起来。

一日，喝到了白茶，才发现自己的梦是真的，白茶就是收集阳光的孩子，然后沉沉地睡去，热水又把它从睡梦里唤醒，它依然是春天的姿态，春天的气息，并一点点释放收集的春光。白茶，独有太阳的味道！

冲泡白茶，如唤醒沉睡的太阳。

泡茶前的闲话

每次说冲泡方法之前，都喜欢说些闲话，说些与冲泡方法无关又有关的话。

很多茶友，说不会泡茶，想上茶艺班学习，有学习的态度固然好，人的一生都需要学习，但是“茶艺”学习完，不一定你就能泡好一道茶，茶艺是行茶的艺术，在我认为是一种美学，觉得更多的是教你泡茶的流程和提升美感的方法，而与如何泡好一道茶的茶技并无太大的干系。又有人问，那如何泡好一道茶，有没有技巧呢？在已经熟知流程，熟知茶性的人面前，可以授以“巧”字，而若对茶本身一无所知，茶也就是解渴的代饮品，无所谓技巧。所以“巧”是在“技”之后而得的。

又有人问，我已经有泡茶之技了，怎么还没有把茶泡好？我只能说，你的工夫还不够，用心还不够，和茶的交情还不够。当然，不是一个人有成熟的泡茶之技，有谙熟泡茶之巧就可以泡得好茶，就如一位有名的画家，不是每一幅作品都值得留存，有些作品甚至于都不屑挂于厅堂，泡茶也是一样的道理，同样的茶，相同的人，在不同的时间，不同的心情下，泡出的茶味也是不一样的。相对来说，老茶人对茶味的把握更稳定一些，每一次茶味基本不会有太大的变化，这需要工夫，不断地练习找到茶和水之间的关联和规律，自然就可以泡出想要的茶味。

再说品茶，一直认为，不仅仅是将茶水喝到嘴里，调动口腔内的所有味蕾，并细细地感知它，而是让自己身体的眼睛、鼻子、耳朵，还有身体其他各部位都参与进来，一起来品茶。可以分三个步骤来感受。第一，对于干茶之品，看干茶色、茶形，闻干茶香；第二，对于冲泡中的茶，同样也是观形，观汤色，闻香，品滋味（入口、入喉、回甘、体感）；第三，对叶底的品赏，观形，闻香，手触或口嚼感受叶底的柔嫩度。看起来都是眼睛、嘴巴的事情，耳朵没有参加进来，其实耳朵在一开始就听到茶声，将壶或杯用开水温过，干茶置入，随即轻摇，如唤醒之前的晃动，如果条形紧结，便是铿然有声，若条索松且轻，便会有沙沙的声音，如炒瓜子的声音，只要茶足够干燥，都会有明显的颗粒感，所以耳朵也可以听出茶形和茶的干燥度。再有就是身体的感受，身体每时每刻都会告诉我们这茶的优劣，只要我们足够的静心。即便身体反应迟缓的人，喝到好的茶也会浑身通透，微汗轻发，喝到不舒服的茶，会有不同程度的不适感，这就是体感。

对于白茶的冲泡需要多说两句，白茶因加工方法简单，茶叶外形自然，冲泡方法也多样，所以品饮白茶没有特别的要求和规定，小杯品啜、大杯豪饮，热饮、冷饮皆适宜，即便从早浸泡到晚的浓茶，都会各有其味。但是因其加工仅萎凋和干燥而成茶，所以丰富的内容物不易浸出，需寻得最适宜的冲泡方法，方能感受到白茶的“蜜韵毫香”。

在这一章里，我先介绍泡茶之水和泡茶之器，概略地列举一下白茶的几种冲泡方法，再具体列出白毫银针、白牡丹、寿眉以及老白茶最适宜的冲泡流程，当然这些只是入门之技。

冲泡之水

“水为茶之母”，“茶性必发于水，八分之茶，遇十分之水，茶亦十分矣；八分之水，试十分之茶，茶只八分耳！”这是古代茶人经过反复品试后得出的结论。

可见水的优劣直接影响茶的品质表现，古人对于泡茶之水的研究有个专家，就是唐代的陆羽，所著《茶经》之“五之煮”对泡茶之水有详细的介绍说明：“其水，用山水上，江水中，井水下。其山水，拣乳泉、石池慢流者上；其瀑涌湍漱，勿食之，久食令人有颈疾。又，多别流于山谷者，澄浸不泄，自火天至霜郊以前，或潜龙畜毒于其间，饮者可决之，以流其恶，使新泉涓涓然，酌之。其江水，取去人远者。井水，取汲多者。”他建议用山上钟乳滴下的和山崖中流出的泉水，江里的水和井里的水泡茶要差一些，实在需要用，远离人烟的江水和一直有人喝的井水也可以。很羡慕古代人有那么多的选择，而且水源于天然，我们天天用的自来水都不知道源自哪里，泡茶之水也只有自来水、纯净水和各种品牌矿泉水可选择。针对我们现有饮水情况，介绍下冲泡白茶所用之水。

新的白毫银针和白牡丹的冲泡用水最好用甜度比较好，偏中性的矿泉水，酸碱度 pH 值在 7.0 ~ 7.2，实在没有合适的矿泉水，纯净水也行，但是建议要用 pH 值低于 7.2 的水，碱性太大的矿泉水，会直接影响银针的滋味，具体表现为出现不同程度的涩感，喉韵比较差，茶汤的细腻度也会减弱。最好不要用自来水，自来水有很重的氯气味道，对茶，尤其对新的白茶简直就是夺味之灾。另外，水温 90℃即可，比绿茶所需水温高一些，比沸水低一些就好。

新寿眉的冲泡对水的要求比较低，一般的水都可以，但是想要有完美滋味的呈现，还是用矿泉水好一些，纯净水其次，最不适合用自来水。尤其是北方的自来水，碱性大，氯气味重，实在不适合泡茶。

老白茶的冲泡或者煮饮时所选择的水首选矿泉水，可以用海拔较高的矿泉水，这样的水张力大，可以把茶的味道都激发出来，让老茶在煮泡过程中尽显茶味，茶汤也会醇厚而味浓。纯净水是任何茶退而求其次的选择，纯净水在激发茶味这方面没有帮助，但也没有降低茶味之嫌，所以各种茶在试饮过程中都会选择纯净水。自来水对于老白茶同样也是不合适的，但是仅仅喝它的功效，对茶的滋味没有太多要求的，用自来水也可以。

冲煮之器

茶器对茶的影响虽然没有水那么显著，但是重要程度一点儿不比水弱。水既为茶之母，器必为茶之父，泡茶之器一般用玻璃杯、瓷壶、紫砂壶、陶壶、银壶，煮茶之器一般用陶壶、紫砂壶、铁壶、银壶。也有用金壶冲泡和煮茶的，但那只是极少数人的奢侈。

冲泡白茶所用器具的选择一般因茶而异，新的白毫银针和白牡丹冲泡

① 金线龟壶　② 小银壶

③ 老银壶　④ 金壶　⑤老铁壶

器具多会选用玻璃杯和瓷质的泡茶器，这两种材料密实性很好，杯体不会吸味，能完整地保留茶香。冲泡新寿眉的茶具建议用白瓷或者青瓷所制的盖碗或壶，用朱泥的紫砂壶也是不错的选择。老白茶适合用的煮泡茶之器为紫砂壶、陶壶，它们都具有受热均匀，保温的特征。

银壶对于冲泡有提高甜度之功能，所以想喝到鲜甜的茶水，用银壶冲泡很不错。金壶泡茶至今对大部分人来说，只是一个传说，在日本有用金壶煮水和冲泡茶的，在我国古代，皇室也会用黄金打造的茶具，其中不乏有煮水和泡茶用的金壶。

再说煮水之器，要是对茶味没有特别的要求，一般的电水壶就很方便实用。但是想要喝一泡好茶，水、茶、泡茶之器还有煮水之器都需要讲究，我推荐的煮水器首选铁壶，一年四季都可以用，无论泡老茶、新茶都可以用，铁壶在软化水质、保温这两点上是没有争议的，如果有条件，建议用老铁壶煮水，水软而滑。用银壶煮水，现在也很普遍，水质会变得甜而清冽，对于泡新茶我是强烈推荐的，但是对于老茶，由于银壶散热快，尤其到了秋冬季节，水很容易变凉，水温达不到，对于老茶的茶性发挥会有直接影响。也有很有耐心的人，用陶壶来煮水，这样的水当然好，恍若隔世又回到古代一般，水被慢慢地加温，水质也会有所改变，变得绵软而接地气，泡出的茶味有质朴的原生态的味道。

煮水的炉子现在也是五花八门，但不外乎用电和碳，煮茶偶尔会用酒精炉，极少用柴火。

冲泡之法

泡茶四要素

泡茶，不就是把茶投到水里，浸泡片刻，便得一壶茶吗？但想泡得一壶合心意的茶，不是一件容易的事，无论你侍茶多少年，对每一次茶冲泡后的茶味也不能精准预知。当然，老茶人对茶味会有一个大概的推断。

泡茶之道，涉及四个要素：茶，水，人，浸泡时间。茶，投茶量，投茶的多少直接关系到茶汤的浓淡，滋味的醇厚。水，是指水温，水温的高低，对茶的影响也是直接的，水温高，冲泡出来的茶，香气高，但是不适合鲜嫩的茶芽，对芽茶的冲泡水温要低一些，一般85℃～90℃，否则就烫熟了，有了闷熟的沉气；水温低，茶味不容易出来，这在老茶里体现得比较明显。人，是冲泡的主体，把握冲泡的入水力度，入水的力度大，水流急，冲泡出来的茶味相对来说滋味浓烈一些，如果缓缓贴杯壁入水，茶汤的滋味要柔和而清淡。浸泡时间，也是泡茶的要素之一，浸泡时间长，茶味自然要浓厚，浸泡时间短促，茶和水还没有时间融合，很容易茶汤里有水味。这四个要素只有恰到好处的结合，才能出一道浓淡相宜的茶汤。

泡茶之人

泡茶的人是决定茶是否能泡好的关键，所以对泡茶的人要提一些要求。

泡茶之前

泡茶之前，首先需要了解你所冲泡的茶，包括茶形、茶性等等，做到心里有数。还要了解冲泡器具，诸如它的器形、材质、容积等，这样才能更好把握冲泡时所需的水温、入水力度、浸泡时间等。建议在泡一款不熟悉的茶之前，看上两分钟，再闻闻干茶香，觉得眼前的茶不再陌生了，你就可以冲泡了。这种专注、心无旁骛的看茶方法，我称为“凝视法”，就像认识一个新朋友，要把它从头到尾看一个遍，心里默默地记住它，渐渐

地便没了陌生感。

泡茶之中

泡茶之中，心要平静，不能太激动，也不能抑郁，静静地，把眼前的人和物都当成一种背景，别人和你说话也可暂时不闻，你的眼里只有茶，如果做起来有困难，可以深呼吸，调匀自己的呼吸后再泡茶，会有得心应手的感觉，提壶、入水高冲也罢，低巡也罢，都是在你的把控之中。很多时候，泡茶是很感性的，一壶茶，泡出来，喝一口，便知泡茶人的心境，这不是虚妄的说辞，只要你用心去体会就能感知。曾经做过一个茶会，名曰“一品茶会”，就是不同的人泡同一款茶，感受各自的不同，初来参会的茶友不相信会有这样的不同茶味，茶会结束后惊呼，怎么差异如此之大。那日，到会有八人，同泡2013年有机寿眉，除了人不同，其他的条件不变，每人出四泡茶汤，品鉴并分享泡茶心得，果然八种茶味、八种心情，煞是有趣。

泡茶后，品饮

此时茶味如何，茶香如何，已经有了结论，这时候，喝茶人和泡茶人喝茶的心情是不同的，就如吃饭的人和厨师的心情不一样，品饮的人在品这香、这味，而泡茶人在想刚才我的入水轻了些，没有把茶香都调出来吧，一边自责，一边愧疚，总在想下一泡可以修正。所以，冲泡茶第一道出汤后，可以修正自己入水的力度，浸泡的时

景德镇手绘杯

间，如果不是很老的茶，都能在第二次冲泡补救回来，我们称为“救茶”。老茶人，心底都是完美主义，每次泡茶都希望将茶味完美的展示，略有欠缺，便有些许歉疚，对茶。

叙到这儿，便想给大家讲个故事。一个宋代茶人蔡襄（1012 － 1067 年）的故事，他是一位对茶有极深研究的人，著有《茶录》，宋仁宗庆历年间任福建转运使，负责监制北苑贡茶，创制了小团茶。此人是个茶痴，每日必饮茶，然到了五十四岁，得病需每日吃药，大夫不让饮茶，他便每日早起，摆上茶席，和平日一样煮水、点茶。只是赏而玩之，但是茶不离手。到了这样的境界，泡茶已不再是为品饮、闻香，他需要的是一种慰藉，茶已经是他生命的一部分，他已是茶。

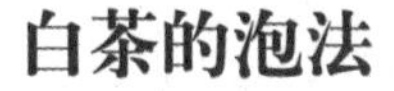

白茶的泡法

杯泡法

一人独饮，用杯泡；用 200 毫升大杯（适宜各种材质，玻璃杯最好），取 5 克白茶用 90℃开水先温润闻香再用开水直接冲泡，1 分钟后就可饮用。

盖碗法

二人对饮，用盖碗：取 3 克的白茶投入盖碗，用 90℃开水温润闻香，然后像功夫茶泡法一样，第一泡 45 秒以后每泡多延续 20 秒，这样就能品到十分清新的口味。

壶泡法

三五人雅聚，用壶泡：用中品的大肚紫砂壶是白茶泡具的最佳选择。取 7 ~ 10 克的白茶投入壶中，用 90℃开水温润后用 100℃开水闷泡，45 ~ 60 秒就可出水品饮，这样可以品到清纯中带醇厚的茶味。

大壶法

群体共饮，用大壶：大肚高身的大品瓷壶是最佳选择。取 10 ~ 15 克的白茶投入壶中，直接用 90℃ ~ 100℃开水冲泡，喝完直接加开水闷，可以从早喝到晚，味道特别醇厚和清爽。这种方法也可供一家大小共享，特别是夏天，因为白茶的冷饮更好喝，并且绝不伤害身体。

大壶煮法

特殊保健，用煮饮：这是民间一直沿用的秘方。用清水加 15 克老白茶（陈三年以上）煮 3 分钟成浓汁后过滤出茶水，继而可以接着续水，煮下一泡。

也可以待凉到 70℃添加一勺蜂蜜或土冰糖趁热饮用，顿感体轻神宁，口感神韵更是醇厚奇特，其个中妙处只能自己体会。

白毫银针的冲泡方法

冲泡银针白毫的茶具通常是无色无花的直筒形透明玻璃杯，品饮者可从各个角度欣赏到杯中茶的形色和变幻的姿采。冲泡白毫银针的水温以 90℃为好，其具体冲泡程序如下：

备具：玻璃杯若干（几人就备几只杯），茶荷，茶匙。

赏茶：用茶匙取出白茶 3 克，置于茶荷供茶客欣赏干茶的形与色。

温杯：将玻璃杯内外用开水温烫，提高杯体温度。

置茶：取白毫银针 3 克，置于玻璃杯中。

浸润：冲入少许开水，让杯中茶叶浸润 10 秒钟左右。

泡茶：用高冲法，按同一方向冲入开水，水至七分满。

静置：冲泡白毫银针初时，茶芽浮在水面，经 5 ~ 6 分钟后，才有部分茶芽沉落杯底，此时茶芽条条挺立，上下交错，犹如雨后春笋。约 10 分钟后，茶汤呈橙黄色。

闻香：茶汤呈浅杏黄，端杯闻香。

品饮：分杯品饮。

白牡丹的冲泡方法

下面介绍一种可以观形看色的玻璃杯泡法。

备具：玻璃杯若干（人手一杯）、茶荷、茶匙。

赏茶：用茶匙取出白牡丹 4 克，置于茶荷中让茶客欣赏干茶的颜色，绿叶夹银色白毫芽，形似花朵。

置茶：将白茶置于玻璃杯中。

温润：冲入少许开水，让茶叶浸润 5 秒，其时，可用手握杯的下端轻轻晃动，让茶叶浸润充分。

洗茶：把温润泡的水倒入水盂。

注水：用高冲法，水柱贴着玻璃杯壁注入，让茶在杯里滚动起来，水至七分满。

闻香：将玻璃杯端到胸前，茶香即会扑入鼻翼，深呼吸，细嗅茶香。

品饮：等杯中的茶叶大部分沉入杯底，便可以品饮。

寿眉的冲泡方法

寿眉的冲泡方法一般采用盖碗和茶碗冲泡。

盖碗冲泡

1. 备具：盖碗一套，茶匙，公道杯，品茗杯若干，烧水壶。

2. 赏茶：将干茶 3 克置于茶荷内，请客人赏茶。

3. 温盖碗：将开水倒入盖碗内，盖上碗盖，随即倒出。

4. 置茶：用茶匙把茶拨入盖碗内，轻轻摇晃。

5. 洗茶：倒开水入盖碗，无需停留，盖上碗盖随即出水倒入水盥中。

6. 注水：将开水均匀有力地注入盖碗中，浸泡 5 秒钟就可以出第一泡汤，倒入公道杯。

7. 分杯：将公道杯中的茶汤均匀地分到每人的品茗杯。

8. 闻香：端起品茗杯，茶香扑鼻，深吸茶香，浸润心神。

9. 品茗：一小口一小口啜饮为佳，细品滋味。

10. 继续注水：第二泡一直到第五泡，出汤时间 5 秒即可，随着冲泡次数的增加，浸泡时间需要延长，时间长短因个人口味的浓淡而作调整。

碗泡法

1. 备具：瓷碗一只，茶汤勺一把，茶筷一把，品茗杯若干。

2. 赏茶：用茶匙取 3 克茶放进茶荷里，请客人赏茶。

3. 温碗：将开水倒入碗内，随即倒出碗内的开水。

4. 置茶：把茶荷里的茶拨入茶碗里。

5. 洗茶：注入开水，浸润干茶，随即倒出。

6. 注水：将开水贴碗壁注入，浸泡 5 秒。

7. 分杯：用茶汤勺取茶汤，分入每人的品茗杯。

8. 闻香：端品茗杯于唇边，茶香入鼻，细细品香。

9. 品茗：用气流吸入茶汤，并让茶汤在口腔内翻滚，让每一个味蕾都感受它的滋味。

老白茶的冲泡方法

壶泡加煮饮

1．备具：中品朱泥壶，壶口适中、壶壁偏厚，公道杯一只，茶荷一只，茶匙一把，品茗杯若干。

2．赏茶：将干茶置入茶荷内，请客人赏茶。

3．温壶：用滚水淋壶身，让壶身温度提高，再注入开水于壶内，温壶。

4．置茶：将茶荷里的茶拨进壶内，一般 5 克到 7 克。

5．温润：轻缓冲入滚水，将茶浸湿，并将洗茶水倒出。

6．注水：高冲入滚水。

7．出汤：快速倒出壶里的茶汤，入公道杯。

8．分杯：将公道杯内的茶汤均匀地分到每人的品茗杯里。

9．闻香：端杯至唇边，茶香入鼻，深吸品茶香。

10．品饮：小口啜饮为宜，汤入口，再轻吸气入口，让茶在口内做旋转状，让每一个味蕾都接触到茶汤。

11．再次注水，出汤，闻香，品茗，直到茶无味。

12．看叶底：将壶盖打开，请客人看叶底。

13．煮茶：把已经泡得无味的茶拨入备好的陶壶，煮茶。

14．出汤：等茶水开后，需煮 3 分钟，倒出茶汤。

15. 分杯品茗：品煮过的老茶味，感受醇厚与岁月陈韵。

第七章

品 饮白茶，身通而心畅

——白茶与养生

茶与养生一直是喝茶人关注的焦点，茶，原本是一种树叶，因生长环境不同，树种不同，制作方法不同而产生了千差万别的味道，功效也因此有别。

茶之药用——史册循迹

茶，始作药用。《本草衍义》《史记·三皇本纪》均有记载“神农尝百草，日遇七十二毒，得茶而解之”。按史料记载，茶，最早发现，是作为药。《史记》中还特别强调“神农尝百草，始有新药”。有关对茶药用的详细记载可以追溯到汉代，司马相如在《凡将篇》将茶列为20种药物之一；在《神农百草》中记载365种药物，其中提到茶的四种功效，“使人益意、少卧、轻身、明目”。东汉的张仲景用茶治疗下痢脓血，在《伤寒杂病论》里有记载“茶治脓血甚效”。华佗也用茶提神醒脑，消除疲劳，他在《食论》提到“苦茶久食，益思意”。到了三国又有很多关于茶的记载，魏吴普《本草》中提到：“苦茶味苦寒，主五脏邪气。厌谷、胃痹，久服心安益气。聪察，轻身不老。一名草茶。”隋朝顾元庆的《广群芳谱·茶谱·权纾文》中说了一个隋文帝和茶的事：“隋文帝微时，梦神人易其脑骨，自尔脑痛。忽遇一僧云：‘山中有茗草，煮而饮之，当愈。’帝服之有效。由是人竞采掇，乃为之赞，其略曰：‘穷春秋，演河图，不如载茗一车。’”这茶治了隋文帝的头痛病，一时茶便成了进贡皇上的佳品。书中还介绍了茶的其他功效，比如，茶能止渴，消食除痰，少睡，利尿，明目等等。

唐代对于茶，是一个具有里程碑意义的时代，中国的第一部关于茶的专著《茶经》问世了，其中写到茶可治疗六种病症：热渴、凝闷、脑疼、目涩、四肢烦、百节不舒。《新修本草》中提到“茶，苦茗，茗味甘苦，微寒、无毒。主瘘疮，利小便，去痰、热渴，令人少睡。春采之。苦茶，主下气，消宿食，作饮加茱萸、葱、姜等良”。唐代医学家王焘等编写的《外治秘药》中专门收录了“代茶新饮方”，详细记载了茶叶治病的功效和服用方法。医学名著《千金方》提到了茶可治“闲痛如破”。宋代的《太平圣惠方》《和剂局方》和《普剂方》等医学著作中都有关于茶的专篇介绍。

元明清时代，我国的茶疗有了很大的发展，应用于内科、外科、妇科、五官科、皮肤科、骨伤科等等，还研制了很多行之有效的茶方，如“午时茶”“枸杞茶”“八仙茶”“珍珠茶”“仙药茶”等等，茶疗的剂型也由原来的汤剂发展为散剂、丸剂、冲剂等多种。元朝的医学名著主要有：吴瑞的《日用本草》、忽思慧的《饮膳正要》、孙允贤的《医方集成》《瑞竹堂经验方》。明朝的有：喻嘉言《医方集论》、陈仕贤的《经验良方》、李时珍的《本草纲目》、李中梓的《草木通玄》等等，其中李时珍的《本草纲目》对茶的功效说得较为详细，同时还进行了利弊分析，提到虚寒和血弱之人，饮之既久，则脾胃恶寒，元气暗损。

到了现代，随着现代科技的发展，各种先进的仪器设备可以提取出茶叶的有效物质，茶不仅有传统的治疗方法，更有创新的治疗手段。无论怎样，茶一直和我们的健康息息相关，伴着几千年的中华文明。

白茶，一个小药箱

我们上面谈到了茶药用的历史记载，说明我们的先人一直把茶也当成药。这里我们说说白茶的药用，现在一提到白茶，都知道“三年药，七年宝”。是的，白茶就是药，在药房里可以找到白茶。《本草纲目》对茶的药理是这么说的：“茶苦而寒，阴中之阴，沉也降也，最能降火。火为百病，火降则上清矣。然火有五，火有虚实。苦少壮胃健之人，心肺脾胃之火多盛，

故与茶相宜。”此文认为茶有清火祛疾的功效。李时珍也喜欢饮茶，他说自己“每饮新茗，必至数碗”。白茶，人为操控的成分最少，所以具有茶的原始性状最完整，也就是说，具有茶的清火去疾的功效。

先说个身边的故事。记得是2007年秋天的一个下午，那时候茶叶市场极少有经营白茶的茶庄，有个茶客走进茶韵谷，看见满屋的白茶就很好奇，说，这不是白茶药铺吗。原来他只知道白茶是药，却不知是可以日常品饮的茶。那人聊了很多与白茶相关的事，他说那一年，因为得了慢性咽炎，还伴有咳嗽，去看中医，大夫开了一个方子，其中就有白茶，他还告诉我说效果很不错，但是不知道白茶也是一种茶类。

其实，喝半年以上白茶的人一般都有这样的体验，嗓子要是不舒服，有肿痛感，喝一天白茶，到了晚上，症状基本上就消失了。若有感冒的初期症状，睡前喝一泡浓浓的老白茶，到了第二天早晨会发现那些恼人的症状会有不同程度的缓解，若还有一点儿难受，再泡一壶喝下去，当药来饮就对了。有人惊呼：这么说白茶就是药了！是的，白茶就是药，是一种可以随时饮用温和的药。

事实上，很多年前，白茶在国外认知度就很高，不像中国，无人问津。国人，我一直认为是比较感性的，一般考虑对视觉、味觉的冲击，而很少追究事物本身的内质，所以活得随心而充满梦想。西方人相对来说，更注意现实的结果，比如茶，你只要说明白它对身体的功效种种，即便味道不是很如意，他们也欣然接受，然后想各种方法改善茶味，比如调饮等等。欧美国家的人认识到中国白茶的价值，比我们大部分的国人要早，他们大批地买回去，一部分作为品饮，绝大部分作为很多药品和美容护肤品的原材料。药品一般以降糖、降压药为主，护肤品就名目繁多了，就是利用的白茶的美容功效。

很多品牌的护肤品都含有白茶的成分，比如希腊的品牌Korres（珂诺诗），美国的雅诗兰黛化妆品公司也是最早研究并应用白茶的，它的“完美世界”的白茶护肤品就很受女性的青睐。几年前，屈臣氏也推出了白茶的睡眠面膜，非常好用。还有很多，在此不一一列举，总之，白茶在护肤美容业一直被广泛应用，这是个不容争辩的事实。

按照古今中外的研究成果得出的结论，白茶具有下列药性，也可以说是功效：(1)下火、清热毒、消炎症；(2)发汗、祛湿、舒滞、祛暑；（3）治风火牙疼；（4）退高烧；（5）祛麻疹等杂疾。

白茶还有三抗三降的作用。三抗：抗辐射、抗氧化、抗肿瘤；三降：降血压、降血脂、降血糖。

近几年国内外专家又研究发现，白茶还有六大养生效果：养心、养肝、养目、养神、养气、养颜。

白茶的主要功能成分

说到白茶的药用原理，要从它的主要成分说起，白茶主要功能性成分有：茶多酚及其氧化物、咖啡碱、氨基酸（茶氨酸）等。这些成分都有相应的一些功能。

咖啡碱：是中枢神经的兴奋剂，机理是增加血液中的儿茶素这类刺激物质的合成与分泌。能使血管中平滑肌松弛，增大血管的有效直径；咖啡碱还有明显的利尿和刺激胃液分泌的功效。

茶多酚：主要有儿茶素、黄酮以及黄醇酮、花青素和酚酸及缩酚酸等成分。它们具有防止血管硬化，防止动脉硬化、降血脂、消炎抑菌、防辐射、抗氧化、抗癌、抗突变、抗衰老的功效。白茶在加工过程中，多酚复合物茶单宁和茶褐素可作为收敛剂和解毒剂，能增加微血管韧性、缓和肠胃紧张与抑制病原体及病毒，对糖尿病有一定疗效。

茶多糖：具有抗辐射、增强机体免疫力、降血糖、抗凝血、降压等功能。主要功效有：清热、解毒、防治糖尿病、

预防心脑血管疾病、降血压、提高免疫力等等。

茶黄素：具有抗氧化、预防心脑血管疾病、预防龋齿、防癌抗癌、抗菌抗病毒等效用。

茶氨酸：影响脑内神经传达物质的变化，可增强记忆力，具有镇静作用，可以预防神经失调症，保护神经细胞，对脑栓塞、脑出血、脑中风、脑缺血以及老年痴呆有一定的防治作用，还可提高免疫力。

我们将茶叶中的主要成分及功能概括列表如下：

茶叶功能成分的功效

<table>
<tr><th colspan="2">茶叶成分</th><th>药理功能</th></tr>
<tr><td rowspan="3">嘌呤碱类</td><td>咖啡碱</td><td>兴奋神经中枢，消除疲劳
抵抗酒精、烟碱、吗啡等对人体的毒害
强化中枢性和末梢性血管系统及心脏
增加肾脏血流量，提高肾小球过滤率，利尿
舒缓平滑肌，能消除支气管和胆管的痉挛
控制体温中枢，调节体温
直接兴奋呼吸中枢，急救呼吸衰竭</td></tr>
<tr><td>茶叶碱</td><td>功能与咖啡碱相似，兴奋神经中枢较咖啡碱弱，强化中枢性和末梢性血管系统及心脏，利尿，舒张支气管平滑肌等比咖啡碱强</td></tr>
<tr><td>可可碱</td><td>功能与咖啡碱、茶叶碱相似，兴奋神经中枢较前两者弱，强化中枢性和末梢性血管系统及心脏较茶叶碱强，利尿较前两者弱，但持久性强</td></tr>
<tr><td rowspan="3">酚类衍生物</td><td>黄酮类及其苷类化合物</td><td>起维生素PP的作用，促进维生素C吸收，预防坏血病
利尿</td></tr>
<tr><td>儿茶素</td><td>起维生素PP的作用
抗放射性伤害
治偏头痛</td></tr>
<tr><td>多酚类及其复合物质（单宁）</td><td>对病源菌的生长发育有抑制作用和灭菌作用
治疗烧伤
重金属盐、生物碱中毒的抗解剂
缓和肠胃紧张，消炎止泻
增强微血管强韧性，防治高血压
缓解糖尿病</td></tr>
</table>

续表

茶叶成分		药理功能
芳香类物质	萜烯类	祛痰药物 治疗气管炎
	酚类	杀灭病源菌 对皮肤黏膜有刺激、麻醉和坏死作用 对神经中枢有先兴奋后抑制作用，有镇痛效果 对心脏有抑制作用
	醛类	灭菌 对呼吸道黏膜有温和刺激，消炎祛痰药物
	酯类	消炎镇痛 治疗急性风湿性关节炎 使肾上腺皮质中维生素C和胆固醇含量减少 使血液中嗜酸性白细胞数目减少 抑制透明质酸酶和纤维蛋白溶酶，可以消炎 促进尿酸排泄，治疗痛风 对糖代谢起良好作用，减轻糖尿病
维生素类物质	维生素A	维持上皮组织正常机能状态，防止角化 防止眼干燥症 增强视网膜感光性，防止夜盲症
	维生素C	增加微血管的致密性，减少其渗透性和脆性 增加肌体对感染和慢性传染病的抵抗力 防治坏血病 治疗瘀点性出血、牙龈出血、肌肉关节囊、浆膜腔等出血症 促进伤口愈合 防治缺乏维生素C所导致的骨膜分裂、骨裂、龋齿 提高肌体对工业化学毒物及放射性伤害的抵抗力
	维生素D	帮助骨骼发育和治疗骨骼创伤 抗佝偻病和软骨病 调节脂肪代谢 抑制动脉粥样硬化
	维生素B_1	维持神经、心脏和消化系统正常机能 参加肌体内糖代谢过程 防治脚气，治疗多发性神经炎、心脏活动失调、胃机能障碍
	维生素B_2	参与体内氧化还原反应 维持视网膜正常机能，维持眼睛的正常视觉功能 治疗角膜炎、结膜炎、口角炎、舌炎、溢脂性皮炎

续表

茶叶成分		药理功能
维生素类物质	维生素PP	实现组织呼吸中的脱氢作用 治疗癞皮病所导致的皮炎、腹泻、痴呆、舌炎、口角炎
	维生素 B_6	参与氨基酸代谢 参与脂肪代谢 治疗婴儿中枢兴奋惊厥症 治疗呕吐
	泛酸	参与代谢的多种生物合成和降解，加强脂肪代谢功能 防治缺乏泛酸所导致的皮肤炎、毛发脱色、肾上腺病变
	肌酸	参与磷酸的代谢贮积过程 加强脂肪代谢的功能
	二硫辛酸	参与糖代谢过程并加强脂肪代谢功能 抗脂肪肝、降胆固醇 解除砷汞中毒 利尿镇痛，治疗肝性、心脏性水肿和妊娠呕吐
其他物质	半胱氨酸	治疗放射性伤害 参与肌体的氧化还原生化过程 调整脂肪代谢
	蛋氨酸	调整脂肪代谢 参与肌体内物质的甲基转运过程
	谷氨酸	降低血氨 治疗肝昏迷
	精氨酸	同上
	脂多糖	治疗放射性伤害

白茶主要的药用原理分析

清热解毒的作用：主要是因为茶本身就是寒凉之物，又因白茶加工简单，所以保持了它的寒性，成了绝好的败火药。陈年的白茶，因存储多年后，有后期转化的过程，茶性渐渐变得温和，可用作患麻疹的幼儿的退烧药，其退烧效果比抗生素更好；在福建产地被广泛视为治疗养护麻疹患者的良药。

白茶有治糖尿病的作用：糖尿病是由于胰岛素不足和血糖过多而引起的糖脂肪和蛋白质等的代谢紊乱。常喝白茶可以治疗糖尿病，这已经是这近十年国内外医学专家重要的研究课题。日本医学博士小川吾七郎、医学博士蓑和田益等，在治疗患有糖尿病的肺结核病人时，偶然发现白茶对糖尿病人有明显的疗效，于是对10名糖尿病人进行临床实验，发现白茶对他们有惊人的效果。我国泉州市人民医院也做了相应的实验，用有一定年份的老白茶治疗糖尿病，愈率达到70%。白茶中的多酚类和酯类有促进胰岛素合成的作用；儿茶素中的多糖类物质，有去除血液中过多糖分的作用。茶多酚对人体的糖代谢障碍具有调节作用，能降低血糖水平，从而有效地预防和治疗糖尿病。中国疾控中心食品与营养研究所研究员韩驰发表的论文称：经研究可以确定，白茶对于人体免疫力的增强具有明显作用，在平衡血糖方面，也有着很好的表现。由此可见，白茶对治疗糖尿病有一定的辅助疗效。

白茶能预防脑血管病：脑血管病

是较常见的疾病，包括脑栓塞、脑血栓形成及脑出血等，其发病率较高，严重影响人体的健康。白茶具有抗凝和促进纤溶作用，能改变高凝状态，且没有一般抗凝药物的副作用，对增进健康和预防疾病具有显著作用。茶，有预防心脑血管疾患的作用，而白茶在某种程度上说，效果会更好一些。

白茶可以降血压：白茶能降压，这与它所含化学成分有关，白茶有丰富的茶多酚和维生素 C。茶多酚能促进维生素 C 的吸收。维生素 C 可使胆固醇从动脉壁移至肝脏，降低血液中的胆固醇浓度，同时可以增强血管的弹性和渗透能力，白茶还可通过利尿、排钠的作用，间接引起降压。茶中含有氨茶碱能扩张血管，使血液容易流通，也有利于降低血压。现在福建当地，医生的处方里会经常看到"白茶"的字样，这绝非偶然。

白茶可以抗病毒、提高免疫力：最新的研究表明，白茶提取物可能对导致葡萄球菌感染、链球菌感染、肺炎和龋齿的细菌生长具有预防作用。添加了白茶提取物的各种牙膏，杀菌效果得到增强，白茶的杀菌效果要强过绿茶。美国纽约佩斯大学的米尔顿·斯奇芬伯博士指出，他和研究人员把白茶放入牙膏里，再涂在有细菌的实验台上。实验证明，混合有白茶的牙膏，杀菌能力显著增强。佩斯大学的研究人员说，白茶提取物可以在试管中真正破坏导致疾病的组织，对人类致命病毒具有抵抗效果，因此，他认为，多喝白茶有助于口腔的清洁与健康。白茶提取物对青霉菌和酵母菌具有抗真菌效果，青霉菌孢子和酵母菌的酵母细胞被完全抑制，这说明白茶提取物对病原菌具有抗真菌作用。

白茶的其他功效原理：白茶中含有丰富的维生素 A 原（它本身不具备维生素A活性，但在体内可以转化为维生素A），它被人体吸收后，能迅速转化为维生素 A，维生素 A 能合成视紫红质，能使眼睛在暗光下看东西更清楚，可预防夜盲症与眼干燥症。同时白茶还有防辐射物质，对人体的造血机能有显著的保护作用，能减少电视辐射的危害。因此在看电视过程中多喝一些白茶是有百利而无一害，尤其是少年儿童更应提倡多喝白茶，有利于保护眼睛，健体。

此外，夏天经常喝白茶的人，很少中暑。专家认为，这是因为白茶中含有多种氨基酸，具有退热、祛暑、解毒的功效。

中外专家学者对白茶功效的研究成果

1. 美国科学家哈佛大学医学院的布科夫斯基博士研究结果：喝白茶能使人体血液免疫细胞的干扰素分泌量增加5倍。

2. 美国纽约佩斯大学的米尔顿·斯奇芬伯博士的研究：白茶提取物能对导致葡萄球菌感染、链球菌感染、肺炎等细菌生长具有抑制作用。

3. 美国生化学家洛德克博士研究结论：白茶比其他茶类更具有抗癌潜力。

4. 美国俄勒冈立大学癌症研究中心经多年研究得出结论：白茶中所含有的抗癌物质，能不断抑制、缩小肝癌的肿块，提高免疫功能。

5. 最先广泛研究白茶特性的美国最大的化妆品公司雅诗兰黛（Estee Lauder），其著名系列化妆品“完美世界”（A Perfect World)就采用白茶提取物作为活性成分。这种护肤品能够抵御环境对皮肤的侵蚀，并能自动修护受损皮肤。

6. 中国工程院院士、湖南农业大学刘仲华教授最新研究成果认为：第一，白茶具有美容与抗衰老作用。第二，白茶可以预防皮肤细胞的光老化。皮肤光老化是指由于皮肤长期受紫外线辐射导致皮肤加速衰老的现象。第三，白茶可降血脂。第四，白茶可降血糖。第五，白茶有效修复过量饮酒引起的酒精性肝损伤。第六，白茶具有抗炎作用。第七，白茶调理肠胃。通过小白鼠饲喂实验发现，白茶可以有效增加肠道中的双歧杆菌、乳酸菌等有益菌的数量，减少大肠杆菌、沙门氏杆菌、金色葡萄球菌等有害菌的数量，起到平衡肠道微生物菌群分布、有效调理肠胃的功能。第八，年份白茶比新产白茶有独到的表现。通过对1年、6年、18年的白茶同时进行对比研究发现，随着白茶贮藏年份的延长，陈年白茶在抗炎症、降血糖、修复酒精肝损伤和调理肠胃等功能方面比新产白茶具有更好的作用效果。

四季品饮白茶的学问

白茶是一种适合四季品饮的茶，但并不是每一款白茶都适合四季品饮，每个季节适合喝的白茶也有不同。

春季，万物复苏，百花盛开，空气中也透着生机勃勃的活力，这时候明前白茶刚刚下来，清香甘甜，此时品清鲜的新白茶是最美的享受。采于明前的白毫银针和级次高的白牡丹，茶芽中氨基酸含量高，最高能达到4.5%。新茶的茶多酚和儿茶素相对老茶含量比较高，而茶多酚是茶叶里主要的活性成分，具有抗氧化、抗衰老、抗辐射等多重功效。春季品饮新白茶也符合中医的理论，《黄帝内经》有道："春三月，此谓发陈，天地俱生，万物以荣，夜卧早起，广步于庭，被发缓形，以使志生，生而勿杀，予而勿夺，赏而勿罚，此春气之应，养生之道也。逆之则伤肝，夏为寒变，奉长者少。"春天吃生发之芽，春天吃春饼，春饼里的菜就有豆芽、新韭，顺天时，方为养生之道。

春天除了可以喝新白茶，建议适时喝老白茶，"乍暖还寒时节，最难将息"，由于新白茶寒性大，建议此刻喝上一壶老白茶，岂不暖心暖胃。

"夏三月，此谓蕃秀，天地气交，万物华实，夜卧早起，无厌于日，使志无怒，使华英成秀，使气得泄，若所爱在外，此夏气之应，养长之道也。逆之则伤心，秋为痎疟，奉收者少。"夏季养生，不再是陌生的话题，《黄帝内经》强调其重要性。对于白茶，面对热气蒸腾、炎热难耐的暑天，首推喝新白茶，建议大杯冲饮白牡丹和寿眉，白茶有祛暑降温、健胃提神的功效，在喝茶的时候，不要滚烫入口，等茶凉一些再入口。也有人煮老白茶

来喝，里面配一些冰糖和山楂，放凉以后，当作凉茶来饮，也很值得借鉴。

“秋三月，此谓容平，天气以急，地气以明，早卧早起，与鸡俱兴，使志安宁，以缓秋刑，收敛神气，使秋气平，无外其志，使肺气清，此秋气之应，养收之道也。逆之则伤肺，冬为飧泄，奉藏者少。”此时，秋高气爽，万物呈凋零之象，然果实丰硕，气象万千。这时心平气和，早睡早起，乃秋日养生之道，适合品饮的白茶也要温润而平和，那就是三年左右的老白茶吧，三年的老白茶，性近平，且润燥，适合降秋燥。

冬天，正是喝老白茶的时节，围炉烹茶、闲话家常是最温暖的茶事。这时候，最好喝老白茶的方法不是泡饮，而是煮饮，煮上一壶老白茶，可以放一两个大枣或一小把枸杞，一壶养生白茶就有了，养气补血。再看《黄帝内经》如何讲冬季养生：“冬三月，此谓闭藏，水冰地坼，无扰乎阳，早卧晚起，必待日光，使志若伏若匿，若有私意，若已有得，去寒就温，无泄皮肤，使气亟夺，此冬气之应，养藏之道也。逆之则伤肾，春为痿厥，奉生者少。”

“故阴阳四时者，万物之终始也，死生之本也，逆之则灾害生，从之则苛疾不起，是谓得道。”饮茶之道亦然。

品饮白茶因人而异

如何健康地喝白茶，还是需要讲究的，不是每种茶每个人都适合品饮。健康的人按照春、夏喝新茶，秋、冬喝老茶就好了，但是每个人的身体状况和生理周期不同，所以饮茶要因个人的体质来确定适合自己品饮的茶品种。

对于处于“三期”（经期、孕期、产期）的妇女建议最好不饮茶，茶多酚会和铁离子产生络合，使得铁离子失去活性，容易造成处于这个时期的妇女贫血。还有，茶有一定的刺激性，对茶没有耐受力的妇女，会出现不同程度的不适。

对于心动过速的冠心病患者，建议少饮或者不饮茶，因为茶叶中的咖啡碱和茶碱，都有兴奋作用，增强心

肌机能，促使心跳过快。对于心跳过缓的患者，反而适合饮浓茶，可以提高心率，配合药物治疗。

对于神经衰弱的人建议饮淡茶，在茶叶的品种上也要有所选择，针对白茶，可以饮用温和一些的老白茶或新工艺白茶。在品饮时间上尽量选择白天，下午5点以后最好不要喝茶了，否则会直接影响睡眠。

身体虚寒的人不建议长期饮茶，对于白茶来说，适饮的品种有五年以上的老白茶，最好加几颗枸杞配饮，有滋补调养的功效。而对那些体质偏热的人，建议喝新白茶，对于调节身体有一定的作用。

关于养生的片语

一说茶和养生，无非就是说茶的若干功效和各种饮法，这种“唯茶”论的出发点固然没错，但只能称为“养生之躯”。在关注茶养生的时候，我们是否忽略了茶还有一个真正的养生功效，就是“养心”。常年侍茶之人，久而久之，心性都有不同程度的改变，渐渐可以如一杯茶静下来，舒展芽叶，渐渐也会寻香、寻味而找内心的真我，能静心品一杯茶的人也是可以静观万物的人，品茶的过程也成了内观的过程。白茶尤其需要一个人有很静的心境来品，白茶味在所有茶类里最淡，茶形最自然，若想要品到真味，无疑要求品茶人淡泊而宁静，所以最开始喜欢喝白茶的以僧人居多。品饮白茶在我看来各种的功效都是其次，若将脚步慢下来，把无端的思绪都抛开，静静地品一杯白茶，浸在袅袅的茶烟里，养心幽神，才是“养生之魂”。

第八章

记忆一点点沉淀

——白茶的存储

在我的记忆里，有一串珍珠，每一颗珍珠都是一段美好的记忆，把它们串在一起，常常取出来赏也罢，品也罢，妙趣无边……总觉得存一款茶，就如保存一段记忆，十年的光阴，十年的记忆，一点点沉淀下来，便是一款有记忆的老茶了。

一款好茶，每每得到，欣喜之余，便是担心，担心不日其味不在，或淡或转，心存疑悸。每次打开封箱的老白茶，总希望是惊喜，而不是失望。心里明白，一款茶，若想存其真味，除了要好的茶青，好的工艺，更要有得当的存储之法。

六大茶类的存储要求概述

茶的存储得当与否直接影响到茶的味道，所以用什么方式存储对于茶至关重要，六大茶类因为工艺的不同，茶性随之有异，以至于适宜的存储方式各有不同。绿茶，需要密封、冷藏，保存温度在 −10℃ ~ 5℃，这样才能很好保存绿茶的鲜香味；红茶，常温下密封就好，但是建议如果有条件冷藏更好，这样可以不失红茶原初的香味；青茶，也就是乌龙茶，闽北乌龙，常温保存即可，但是隔年需要焙火找回茶香，闽南乌龙、台湾乌龙，需要冰柜冷藏存放；黄茶，和绿茶的存储方式基本相同，需要密封冷藏，才可保存茶味；黑茶的存放，需要和空气对话，所以常温就好，但是需要存放环境干燥通风没有异味，才能保证茶味有好的变化；白茶的存放，基本要求常温和密封，我在后面将详细阐述。

六大茶类所需的保存条件及保质期限

茶类	是否需要冷藏	是否要密封	是否需要避光	保质期限
绿茶	是	是	是	12 个月
白茶	不需要，常温即可	是	是	长期
黄茶	是	是	是	12 个月
乌龙茶	闽南乌龙和台湾乌龙要冷藏 闽北乌龙和广东乌龙不需要	是	是	闽南乌龙和台湾乌龙 18 个月 闽北乌龙和广东乌龙存储过程若受潮返青，需要复焙火，可长期存放
红茶	不需要，常温即可	是	是	24 个月
黑茶	不需要，常温即可	不需要	是	长期

综上所述，需要冷藏的茶有：绿茶、黄茶、闽南乌龙、台湾乌龙，一般茶都需要密封保存，除了黑茶类（云南普洱茶、广西六堡茶、湖南茯砖茶）不需要密封保存，但是它们要求存储的环境清洁通风，无异味。可以常温下保存的茶有红茶、黑茶、闽北乌龙、白茶。

白茶存储要求及方法

白茶的存储要求和其他茶不同，别的茶需要保鲜、存味，而白茶在存其真味的基础上，还需要考虑存放过程转化后的结果。白茶可入药，如何存放才能更好地提高它的药性也是我们需要考虑的问题。

影响白茶存储的因素

第一，茶叶中的含水量。干茶要求含水量在 3% 左右，才能保证茶的品质。食品学理论认为，绝对干燥的食品直接和空气接触，容易受到空气中氧气的氧化，但是水分子中氢键和食品成分结合，呈单分子状态时，在食品表面形成保护膜，使氧化进程变慢。研究表明，当茶叶中的含水量在 3% 左右时，茶叶分子和水分子几乎呈单层分子关系。对茶叶中的脂类与空气中的氧分子起到隔绝作用。但是如果茶叶含水量超过 6%，空气中的水分超过 60%，茶叶中的叶绿素会发生分解、变性、色泽变深，芳香物质和氨基酸等物质都有不同程度的减少。所以成茶水分都控制在 6% 以下，超过此限度，要干燥。

第二，温度。如果温度过高也不利于茶叶的存储，白茶最好的存储温度在 35℃以下，10℃以上。温度决定各种化学反应的速度，温度越高，化学反应速度越快。有人做过实验，在其他条件相同的情况下，温度每升高 10℃，褐变速度增加 3 ~ 5 倍，在 10℃下存储，可以抑制茶叶褐变，在 −20℃下存储，可以长期防止茶叶陈化和变质。−25℃以下，维生素 C 的保留率达 90% 以上。

第三，异味。也就是空气的清洁度也影响茶的品质，最好在有通风没有异味的环境下保存白茶。白茶味淡，极易被别的味道污染。在有异味的条件下存储白茶，白茶无疑就成了最好的除味剂，如果这个气味有毒性，对茶叶品质的改变将是致命的。很多异味在一定温度和湿度的条件下，和茶中的茶氨酸、茶红素、茶黄素发生化学反应，茶叶发生变质，使得茶味变淡，变坏，原来的甜香荡然无存。

第四，阳光。白茶最好置于避光处存储，阳光会改变茶质，让茶味尽失。茶叶在光的照射之下，会加速各种化学反应的进行。比如茶叶的叶绿素在光的作用下会迅速发生分解，光照会让茶快速劣变，并由此产生很多令人不愉快的味道。

白茶存储方法

白茶存储，在避光、通风、无异味的常温环境下，按存储容器可分为下列几种：

第一，瓷罐保存：选用密实性好的青花瓷罐就很好，可以使用德化产的，也可以是景德镇产的。要求瓷罐的口要密封，建议用锡纸垫在封口处，这样就达到了密封的要求。如果短时间就要饮用的茶，可以用小一点儿的瓷罐，密封要求就没有那么高了；要是长期存放，可以选择大一些的瓷罐存放，并且一定要密封好。

第二，陶罐保存：陶罐，古朴而有质感，很多人都喜欢用陶罐存储茶叶。存储白茶的陶罐最好内壁挂釉，这样能起到密封作用，若内壁没有挂釉的陶罐，建议白茶加密封袋存放，

龙泉青瓷罐

陶罐

第三，茶叶袋保存：这是最简易的保存白茶的方式。用牛皮纸袋（内壁有锡纸）或锡纸袋密封保存，简单随意，摆放自由，随身携带也很方便。茶友可根据自己的茶叶存储量来选择适宜大小的茶叶袋。每次打开纸袋取茶，需要及时用密封夹夹好，不让异味侵入，在南方，还可以防潮。

第四，紫砂罐保存：紫砂一直是茶人的首选，紫砂和茶天生就是最好的搭档，很多茶在紫砂罐里存一段时间，茶味会有不同程度的提升，好的紫砂壶冲泡茶，也能改善茶味。但是白茶，味淡雅，香气相对别的茶类也不是那么高，所以白茶用紫砂罐存储，需要对白茶进行密封，再装罐，或者挑选一些泥料本身密实性好的紫砂罐，比如朱泥的紫砂罐，透气性不如别的泥料，这样正好存白茶。用紫砂罐存茶前，还需要对紫砂罐进行去味处理，同样也能防止茶味被污染。还有一些茶友买一些很大的缸来存茶，缸一般是陶为主体，内外壁挂釉，对于家庭来说，既要存茶量多，又要美观，这是不错的选择，但是在放茶之前，要用少许的茶吸味，等缸里的杂味没有了，就可以放茶了，记得缸口一定要密封。

牛皮纸袋包装

纸盒包装

常用的方法是将一小撮同类茶放在罐内吸味，一般一个星期后取出去味用的茶，清理茶罐后，确定没有泥味了，再放入需要存储的茶。同样，里面的茶要是没有密封袋包装，直接放茶的，这时候一定要在盖沿处作密封处理。

紫砂罐

茶桶

青花瓷罐

布艺包装

第五，纸箱保存：纸箱内的茶需要密封，一般存货量大的都会选择纸箱存放，码放比较容易，占用空间也不会很大，搬运也方便，缺点就是不够美观，每次取茶比较麻烦。一般建议纸箱存放和茶叶袋、茶罐存放相结合，需要长期存放的用纸箱存，需要经常品饮的用纸袋或茶罐装，这样既很好地保存了茶叶，又方便取茶日常品饮。

南方、北方存白茶应该注意的问题

南方，以广东、福建为代表，气候温暖湿润，降水丰沛，常年气温较高，空气中含水量大。这样的气候特征一方面利于茶叶的后期转化，但是另一方面对于存储确是有一定风险，如果空气中的水分过大，温度过高，常常会有茶发生霉变，这就是常说的“湿仓”茶，在香港和广州比较普遍。所以存放在南方的白茶要注意几个事项：

第一，茶要干。茶一定要达到干燥要求，然后再密封存放；若茶本身干燥度不够，在南方原本高温潮湿的环境下存放，很快就会霉变，可谓先天不足，后天又不利。

第二，密封。在南方存放，密封是必不可少的条件，南方空气中含水量大，茶很容易受潮，再加上气温高，非常容易霉变。所以在干茶含水量控制在6%以下的条件下，再进行密封存储，才能很好地保存茶味。

第三，常抽样。要经常抽样看看茶叶的存储情况，要是发现问题，及时处理。必要时，对茶进行烘焙干燥处理。

第四，通风干燥。存储环境要通风干燥，保持空气的流通和新鲜，不要把茶放在地下室或没有窗户的房间。

第五，单独存放。最好单独存放白茶，不要将其他物品和茶类混杂存放，否则，容易使白茶变味，变质。

第六，避光。要把茶放在避光、常温的空间存放，温度过高或者有太阳暴晒，都会对茶的品质有影响。

北方，以北京为代表，气候干燥，一年有近半年温度在10℃以下，进入12月份，温度更低，冬天经常会达到零下十几度，茶在这样的环境下存放，如何保存会更好，同样需要注意几点：

第一，密封。同样是密封，和南方存茶的密封目的却是不同，南方怕水汽进入，而北方是要保持茶叶里的水分不会被全部挥发。茶叶里有适当的水分，有利于白茶后期的转化。

第二，保持温度。由于北方11月下旬，气温基本就在0℃左右，就如一个天然的冰柜，茶近乎休眠。由于我们希望白茶有个后期的变化，实际上就是适度氧化、聚合，白茶的存放环境尽量有供暖设备，达到室温就好。

第三，无异味。在北方存储的白茶，环境也要求通风无异味，尽量不把茶放在地下室。茶不能直接放置于地面，最好要有专门的架子搁置，离地面要有一定距离，以防止夏天雨季时，地面太潮湿，洇湿茶包装。若水汽进入茶包内，则会直接影响茶叶的存储。

第四，避光。无论南方还是北方，茶叶的存储都需要避光。日光长时间照射对茶的品质会有不良的影响，无论对茶味还是茶本身的内质都有不同程度的改变。

我经常会把一款茶放置在南北两个地方，福鼎和北京，三年后让它们相遇，看看有怎样的差异，从茶香、茶色、茶汤、茶底进行对比。一般福鼎存放的茶，高温冲泡后有湿气，而北方存放的茶有干香；福鼎存放的茶颜色偏深，北京存放的茶还有清香和绿；福鼎存放的茶汤橙黄色，北京存放的茶一般是琥珀色；福鼎的茶滋味醇和，北京存放的茶滑润，水里有香；茶底的对比就更鲜明了，北京存放的茶有鲜活度，叶底色还有绿，而福鼎的茶底已经是浅褐色。北方干燥寒冷，茶每年有半年的休眠期，茶后期的转化就很缓慢，几年后茶的干香明显，虽然茶叶看似还有绿，但是茶汤的滋味已经足够的浓厚甘甜，我常说滋味都蕴含在里面呢，貌似不老的老茶，茶味怡然。

同样，存在同一地方的白茶，因为品种的不同，转化程度也会有很大的不同。以三年为例，三年后的银针，茶色略有变化，呈浅褐色，冲泡后的汤色为浅黄色，滋味香气主要是蜜香，毫香已不显；三年后的牡丹，茶色略比银针深一些，汤色由原来的黄绿色变化为金黄色，滋味犹存清甜，有淡淡的蜜韵；三年后的寿眉，干茶就已经有浓浓的粽叶香，干茶色为浅褐色，冲泡以后，茶色呈明亮的黄色，浸泡时间若久一些，汤色会呈现橙黄色，口感明显细滑，水的感觉也较新茶绵软。所以，在存放过程中，叶的转化要比芽的转化对于感官来说更明显一些，老寿眉的老相要比银针明显很多，但这并不能说寿眉就如何得好，只是它们有些不同，没有优劣之分。

白茶不当存储的茶味种种

白茶若存储不当，茶的品质不仅

会降低，还有可能发生变质。在南方主要应注意防潮，在北方主要注意异味入侵。

市场上近年出现层出不穷的老茶，保存得当的寥寥无几，一般保存不当的有下列几种情况：第一，霉变。有明显的霉味，冲泡后有变质的气味，这样的茶不能饮用。第二，受潮但还没有变质，冲泡后有明显的湿气，这样的茶建议多洗几遍，饮用后若没有不适，就没有太大问题，可以继续饮用。但是建议把受潮的茶进行干燥处理。第三，茶有异味。一般茶在存放过程中没有密封，或者周围的环境有很大的刺激性气味，都会对茶的滋味产生影响，这样的茶饮用没有问题，除了茶的滋味受到影响，一般不会对健康造成危害。

关于存白茶的几点建议

这两年，白茶也兴起了存茶热，看到风起云涌的存茶潮奔涌而来，我是有些担心，担心会重蹈2007年后的普洱覆辙，当时，普洱茶炒作极高，紧接着暴跌，一直低迷到2013年才有一些转机。针对这样的现象，对于个人存茶，我想提几点建议。

首先，端正存茶的目的。茶，是用来喝的，绝不是投资的工具。当你需要茶为你获得高额的收益回报时，请考虑它的风险，它的变现能力。总觉得，个人存茶量不宜太多，根据经济条件和空间条件以及个人对茶的偏好来决定存储的量。

有茶友跟我说他有一些钱，想用来买白茶存，说这样几年后白茶就可以增值，比其他投资保险。我就反问他，要是几年后，白茶的市场和你想的不一样，你怎么办，他无语了。因为他的存款只有这些。喜欢茶，爱品茶，都很好，可以买些来喝，也可以多买些存放看白茶一年和一年不一样的变化，这是很有乐趣的事情。但是一旦买茶成了投资，希望有回报的时候，心态就会不一样，喝茶就会喝到不一样的味道。还有，不知道大家有没有这样的感受，世间万事，大部分时候喜欢和人开玩笑，越想要什么，什么就不会有，一个人随心而乐，无求于茶，茶便会一直随你，如友如师。

其次，量力而行。也就是不要超负荷存茶，对自己的空间和资金情况有个客观的估算，别买了茶，影响正常的生活。古代有人为喝茶倾家荡产，倒是后来练成了品茶大师，可惜那时候没有人给他发证，也没有人雇用他，只能成为流浪的乞丐。无论怎样，我都不主张这样的偏执，茶是为生活添趣增彩的，茶的本意要人自然而舒适，感受天地之灵气，品茶悟世间之道理，若因茶而窘迫，便有悖茶性了。

最后，随性而存。关于存茶，有人常纠结一件事，就是存哪种茶，是白毫银针、白牡丹，还是寿眉呢？哪一种最适合存放，哪一种转化更快呢？是存饼茶还是散茶呢？这些问题，在选择茶过程中都会遇到。其实，存哪种茶都可以，关键是你偏爱哪种，寿眉和银针各有魅力，几年以后也是各有千秋，要是都喜欢，实在决定不了，建议可以参照自己的资金情况和实际存储空间来定，要是喜欢存散茶，家里空间不够大，建议可以存少量的银针，要是存茶空间充足，可以考虑散的寿眉、牡丹。选择饼茶来存，一般也是考虑存储空间问题，饼茶，相对散茶要节省空间。所以，存哪种茶，存哪类茶，最重要的随自己的喜好，听自己的，随性而存。

第九章

满地翠英，心落哪方

——如何挑选白茶

“满地翠英，心落哪方？”总让我想到一个图景，满山的茶，满山的绿，层层叠翠，茶香飘在山涧，飘在丛林，飘在茅屋前的空地，而心，随之而起落，迷茫间，却不知该定在哪片叶脉上……

每年3月底4月初，白茶就会陆续粉墨登场，白毫银针、白牡丹先出场，到4月底会有贡眉和寿眉出现，面对各种白茶，我们如何挑选就成了需要解决的问题。

其实，白茶品种不多，但是加入等级、产地、年份各种因素，一下子原本简单的白茶竟然有些复杂了，增加了选购的难度。这里，我们一起探讨如何挑选一款心仪的白茶。

设定选购目的

这一点很多人不明确，你去挑选茶是为自己品饮用，还是为送礼用，或者只是漫无目的随便逛逛，顺便了解白茶当下的市场情况。这些在没有挑选茶之前，最好有个明确的目标，买茶有针对性，不盲目购茶，买回去的茶利用率比较高，很多人买茶的时候，完全是冲动购买，回家后又不喜欢，束之高阁，可惜了茶，也浪费了银子。

自己品饮：如果是为自己喝而想挑一款白茶，很简单，只要从自身出发，喜欢的就好。针对白茶，若喜欢清新雅韵的就选白毫银针；喜欢口感内容丰富的就选白牡丹；为人比较低调，对外形没有要求的，口味偏浓一点的选贡眉和寿眉。

茶礼：对于作为茶礼之用，首先要搞清楚收礼之人喜欢什么品种的茶，送朋友喜欢的才不辜负你精心挑选的茶。送礼茶可以分以下几种情况：

第一，对方不太懂茶。建议分享自己喜欢的茶品就好，告诉对方，这一款茶你很喜欢，如果有必要，告诉他茶的身世，茶的口感，茶的滋味等等。

龙泉老浆手工杯

第二，对方常喝茶，也明白一些。这样一定要挑一款对方喜欢的茶品，喜欢喝寿眉的别买银针，对应的茶品里，挑档次高一些的茶，做到少而精，不要送太多，越珍贵的茶，量越少。

第三，不了解对方。可能只是初次见面，或者是一种商务礼仪所需，总之不很清楚对方情况。这时候可以挑一些外形光鲜的银针作为茶礼，无论对方对白茶认知到什么程度，都会喜欢的。其实送老白茶饼也不错，团团圆圆的感觉，尤其在节日，送茶饼，很有吉祥的意味。

还有，送茶礼别忘了给茶配上相匹配的包装。银针要求雅致一些，配青瓷罐或者本色的木头盒子都是不错的选择；白牡丹的包装选择比较多，一般以纸盒和茶罐为主；寿眉一般会选用大一些的陶罐或者牛皮纸袋，再配一个质感不错的牛皮纸手提袋，和寿眉的特质正好相合，沉稳不张扬。

代购：我这里说的代购是指给朋友代买茶，没有任何再销售的意思。一般情况，都是朋友来家里做客，碰巧喝到一款茶，想再买一点儿，这种情况不过是同样的茶再购买。还有一种朋友很信任你挑茶的水平，指定好品种和价格，由你做主，这种情形，你就有责任严格把关，需要细细品，认真挑选。

出售：这种挑茶的目的是出售，所挑选的茶品一定要考虑你的客户群

掇球紫砂壶

他们的喜好和消费能力。不要一味地强调自己的感受，自己喜欢喝银针，都进成银针，品种容易单一；恰当的方法是中高低端茶品需要搭配和调剂，丰富自己的品种，让茶品呈一个体系，当然需要重点突出，要有一个核心茶品。

收藏：可能这个“收藏”在这里用表达得不是很贴切，应该算“存茶”，暂时不品饮，也不作其他用，不过想存几年等茶口感好一些再取出喝。追根到底，还是为自己品饮所需，所以，首先考虑的是喜好，确定喜欢什么品种而后再确定数量。其次，以新茶作为备选对象，新茶，价格有优势，还有在存放过程中，每一年的变化会给你惊喜；老茶，一个价格高，还有基本性状比较稳定，后期的转化不会那么明显。最后，是量的选择。是购买一件货还是十斤货，都因个人的情况而定，别因茶而累，量力而行最好。

按照品种来选

要了解白茶的品种。首先要了解白茶的三个品种，白毫银针、白牡丹、寿眉（贡眉），它们口感滋味由轻到重，外形也由齐整到杂乱，由芽到大叶，如果喜欢在品味的同时还要观形，那建议选择银针和级次高一点儿的牡丹，如果只是选择一款平时随意品饮用，就选择寿眉，外形不很惹眼，但确是不错的好茶，滋味浓厚而功效不俗。品种的挑选依据各人的喜好而定，没有特别的规矩，单芽的银针和如秋叶一般的寿眉各有特色，就如瓷器和粗陶一样都有自己的个性，喜欢的就是自己的茶了。

要了解自己的喜好和品饮方式。有些人看看这个也喜欢，那个也不错，这个时候就需要做一个选择。看自己喜欢淡味的多一些还是重味的多一些，喜淡味的挑银针，喜欢重味的挑年份久一点的寿眉。实在想不清楚，看看自己平时泡茶的地点和方式，要是多在办公室冲泡，建议喝牡丹，要是经常在家里冲泡，而且有一整套的茶道组，哪一种茶都可以选择了。

按产地来选

了解福鼎白茶和政和白茶的差别。浓烈而霸气的政和白茶，柔美而甘甜的福鼎白茶，它们的外形差别就很大。

政和的茶，就白毫银针来说，叶茎比较长，茶形显得修长，银针较福鼎的要瘦一些，福鼎银针外形比较肥壮，芽短，这一点比较好分辨。政和的白牡丹和福鼎的白牡丹，要是相同年份，政和茶要颜色深一些，这和加工方法有关。冲泡后政和茶回甘快，滋味浓烈，泡久了会有涩味，泡开后的热香对嗅觉的冲击更强烈，而福鼎茶冲泡后的热香要显得温和很多。现在由于大部分人对福鼎茶和政和茶分不太清楚，造成白茶市场的混乱，由于福鼎的茶市场价格略高于政和茶，很多商家就把政和茶当福鼎茶卖，甚至于有些福鼎白茶饼也将政和茶料拼配进去。这些在购买时茶友要注意。

按等级来选

挑茶不仅分清品种还要自己分辨级次，因各个厂家定的标准不同，分级的标准也不同。

白毫银针。一般单芽为银针。银针分级的标准不是很明确，一般按照采摘的肥壮程度和杂质的含量来分优劣。挑选银针时，看白毫的密实程度，芽头的肥壮程度，再看净度，也就是茶里面有没有杂质。现在有人打出“太

政和白茶（左）
福鼎白茶（右）

姥银针”的概念，实际上就是白毫银针，品级相对高一些。

白牡丹。白牡丹按照含芽量分为特级牡丹、一级、二级、三级牡丹，级次越低的牡丹，芽头越少，叶形越老，叶的含量越高，还有采摘时间也越晚。

贡眉。贡眉近似于低级的牡丹，理论上分为一级贡眉、二级贡眉、三级贡眉、四级贡眉（寿眉），但是现在一般也用原料较差的大白茶作为原料。四级贡眉也称为寿眉。贡眉的外形特点是一芽二三叶，有嫩芽、壮芽，品质仅次于白牡丹。

寿眉。寿眉一直到白露都可采摘。一般按照采摘批次来分，寿眉可分为春茶、夏茶和秋茶；也有按照节气来分，叫二春茶、三春茶、白露茶；也有按照生长环境来分，分为有机寿眉和常规寿眉。辨别的方法就是要喝，看外形很难鉴别有机寿眉和非有机寿眉，有机寿眉滋味足，耐泡，香气高；而非有机寿眉滋味薄而淡，香气低沉。

新茶、老茶的选择

白茶的挑选不仅有新茶和陈茶之别，更有年份的差异，也就是说有当年茶、三年茶、五年茶之分。年份对于挑选白茶来说也是至关重要的，不同年份的茶茶色不同，口感不同，还有价格也有很大差别。茶友不要被年份牵着走，问自己是否真的喜欢有年份的老茶吗，你是喜欢有年份的茶，还是喜欢年份茶背后的故事，都值得

白牡丹的级次，由左至右：二级、一级、极品

思考。年轻的茶清香甘甜，老茶醇厚有韵致，在我眼里，每一款都很好，按照自己的喜好和身体的状况选一款适合的茶，这是很重要的。对于年份的鉴别在老白茶一章已经有详细的叙述，这里再归纳概述新老白茶的特点。

新茶的特点：干茶色泽灰绿或翠绿，叶背有白色茸毛，叶张细嫩，鲜嫩纯爽毫香显，汤色清澈橙黄，滋味清甜，纯爽，毫味足。

三年老白茶的特点：总的说来，三年的白茶散茶呈深灰绿色，近似于浅褐色，叶片完整，白毫不显，开汤后叶底的颜色会呈暗绿色，汤色澄清金黄，滋味甜爽，有蜜香。

三年饼茶的特点是干茶的颜色呈浅褐色，开汤后叶底的颜色为灰绿色，汤色橙黄透亮，香气有蜜韵，滋味甘甜，略显醇厚。

七年以上老白茶的特点：散茶，前期在福建存放，近三年在北京存放，这样的茶干茶色呈灰墨绿，条索清晰，略显干瘦，有风干的感觉；开汤后，茶汤色为橙红色，香气有浓郁的药香，滋味有陈韵，甘醇而厚浓；茶底的颜色呈油亮的墨绿色，能冲泡十五泡以上。

饼茶，要是存放七年后，你会发现饼形多少会有些松散，紧实度随着时间增长而慢慢降低，直接的感觉是比较容易撬茶了；干茶色一般呈褐色，条索清晰；开汤后，茶汤的颜色为橙红色，有浓浓的药香，蜜甜味很显著，汤润滑绵软，十多泡后仍有余味。

以上这些特点由于没有将茶品和存放进行细分，所以说得比较笼统抽

白牡丹新（左）、老茶（右）的对比

象。比如，茶毫，不管存放多少年的银针，只要没有人为的加工，茶毫一定会在。还有，老白茶有个共同的特点就是茶汤油亮，年份越久汤色越亮，它们还有个共同的特征就是很耐泡，十泡以上滋味一点儿不减，泡完后，还可以煮饮。市场上目前出现很多拿新工艺白茶来冒充老白茶的，大家要提防。一看干茶，老白茶是灰绿或褐色，新工艺做出来的茶颜色深，近似于黑色；还有看汤色的油亮度，新工艺白茶由于揉捻发酵，出来的汤不会很透亮；再看耐泡度，老茶耐泡程度比较高。

购茶地点的选择

茶和绝大部分商品不一样，购茶是一种体验式消费，挑选茶的过程就是一个品鉴茶的过程，买茶的过程犹如赴一次茶会，约几个好友一同前往，听茶老板说茶，和朋友一同品茶，这何尝不是一期一会呢。很多年以前，我会把购茶当作一种自我放松的方式，

新（左）、老（右）牡丹茶汤对比

腾出一天的时间来买茶，在茶城里闲逛，满眼都是茶，自己沉在茶香里，脚步不由得放慢，每一次呼吸也静深下来，思绪变得虚无，都说茶是空气净化器，在我看来，茶更是心的净化器，和茶相处久了，人也有了茶味。

我有个朋友，是法国人，工作很忙，可是过一段时间就会来买茶，品种没有变化，但是每次都要自己过来，我说要是忙，快递就好了，不需要亲自过来的，他看着我直摇头，不，一定要来，这是他的喝茶时光，放松的时刻。我是明白了，购茶，原来是一次旅行，放飞自己的旅行，借着购茶的名义，享受奢侈的喝茶时光。

既然购茶就是一次不期而遇的茶会，那么地点的选择就要慎重了。

白茶专营店：这是一般买白茶人的首选。这样的专营店里品种齐全，各种档次都有，可供选择的范围较广，若有幸碰到老板，还可以多了解白茶的知识和相关茶的信息。

特色茶叶店：可称为有“品位”的茶叶店或者叫有“个性”的茶叶店。这样的店有个共同特点，装饰装修很别致，有很鲜明的店老板个性——喜欢字画的屋子里多是字画；喜欢绣品的，墙上挂了各样的绣品；还有喜欢摄影旅游的，除了旅游时的留影随处可见，角落还摆着很多有故事的物件……这样的店倾注了店主的心血，店就如同家，每一款茶品都是精心挑选回来的，我称为分享茶品，若称为商品，有些不太贴切。这样的店很有意思，店内可能各种茶都有，但是每一种茶都很特别，而且这样的茶叶店喝茶环境一般既温馨又别致，坐在那里喝茶，如同到别人家做客，可以赏器，可以品茗，还可以听老板讲他淘茶的经历。

产地：一般大宗购货会推荐去产地，但是需要提醒的是，产地的货品不一定有你家门前茶店的货品好，价格好，很多事情要辨证地去认识。若以旅游为目的顺便购茶的，那是必须要去产地。无论是福鼎还是政和，都是风景优美，山水有色，去产地看看白茶的出生地也是不错的选择。

资深茶人购茶店：请一位资深喝白茶的茶人，带着你去购茶，这样的喝茶人一般都会有几个固定买茶地点，他们不仅对所在茶店的茶品熟悉，一般还和老板熟识，所得信息量比较大。由这样的资深喝茶人带着，对于刚买茶的人来说也算走个捷径，省去很多自己挑选茶的弯路。有人带着喝茶，在我看来是很幸福的，有老友相伴，有茶友同行，一起品茶，一起聊天，还有很多意外的收获，这正是我们的期待。

挑选白茶可能会出现的误区

安吉白茶当作白茶

白茶和安吉白茶，这两个看似相关又不相干的茶常常被搅在一起，近两年白茶越来越热，安吉白茶也顺势而趋。经常有茶友到我这里来说，最近收到一份白茶礼，说如何如何昂贵，我就想，新的白茶贵的不过每斤千元左右，便宜的也就每斤几十元，再听他说，三泡就无味了，才明白，我们说的不是一种茶。他说的是安吉白茶。

安吉白茶和白茶之争早在宋朝就有这方面的记载，宋徽宗《大观茶论》里的白茶，按照描述，应该就是发生基因突变的安吉白茶，茶叶偶然出现白化现象，有了安吉白茶，这茶确比一般的茶氨基酸含量高，鲜爽度也高，于是成了难得的珍品，自然身价百倍。都说《大观茶论》的“白茶”为现代意义的白茶，实在是有些不实。

下面我来说说安吉白茶和白茶的差别所在：

加工方法之别

我们知道，白茶和绿茶的划分依据是制作方法，我们看看安吉白茶的加工流程：鲜叶采摘——摊放——杀青——理条——烘干——保存，很明显安吉白茶是一款半烘青半炒青的绿茶，因为它有绿茶的核心工艺“杀青”，顺理成章归为绿茶之列。

白茶的工艺不过萎凋、干燥，这样看来它们的差别已经很大了。

产地之别

安吉白茶的产地在浙江的安吉，属于浙北，一个盛产竹子的地方。安吉白茶的形状也有竹叶的样子，称为凤形安吉白茶。白茶的产地主要在福建的福鼎和政和，其他地方也有白茶的生产，比如云南、广西也有少量的白茶出产。

外形、滋味之别

白茶的样子从优雅的银针到粗枝大叶的寿眉，形状不一，色泽斑斓，鲜爽甘甜；而安吉白茶，茶形挺直，如被揉捻过的竹叶，青翠碧绿，滋味鲜爽，甘甜而生津，有淡淡的豆香。

冲泡方法之别

白茶的冲泡方法比较随意，紫砂壶、盖碗或玻璃杯均可，水温要 90℃左右，而安吉白茶用绿茶的冲泡方式，水温 85℃，一般用杯泡下投法冲泡。

存储方法之别

白茶的存储方式，需要密封、避光、常温即可，可以长期存放，白茶，可以品“陈味”。而安吉白茶，需要密封冷藏存放，打开封袋尽量在一个月内喝完，所以安吉白茶品的是一个“鲜味”。

茶品和茶类之别

白茶和安吉白茶在某种程度上是没有可比性的，这是一种类别和品种的概念混淆。白茶是六大茶类之一，而安吉白茶属于绿茶类，为一个具体品种，而白茶的具体品种有白毫银针、白牡丹、寿眉。

新工艺白茶当作老白茶

新工艺白茶由于在加工过程中加了揉捻发酵工艺，所以干茶颜色呈浅褐色，单看茶色以为是存放了很久的

安吉白茶（图片由厚德福茶业有限公司提供）

白茶，但是只要你注意观察干茶的茶形，就会发现端倪，新工艺有揉捻的工序，所以茶条呈紧结的条状，而不是新工艺的白茶茶形自然舒展，没有揉捻的痕迹。就怕做成茶饼，辨别起来就有难度了，在蒸压过程中，茶形都会有变化，需仔细辨认，才能看出叶片的不同。从茶汤的颜色上，也能进行分辨，老白茶的茶汤橙红油亮，而品级高的新工艺白茶的汤色为橙色，基本没有亮度，只可用清澈来形容。通过香气也比较容易辨别，老白茶的香有很重的药香，但是新工艺白茶为板栗香，品级差的新工艺白茶有烘焙的火味，粗老气比较重。二者叶底的区别也很大，散老白茶冲泡后的叶底，呈墨绿色，而新工艺白茶冲泡后的叶底呈褐色。

从干茶、冲泡汤色、香气、滋味，还有叶底，只要用心去辨别，就能分清楚新工艺白茶和老白茶的差别。

白茶的霉味当作陈香

在南方存的白茶很容易有霉变的味道，这和茶叶放久后的陈香有本质的区别。霉味是一种刺鼻的气味，是茶叶变质的令人不舒服的一种气味；陈香没有刺激性的气味，是一种久远的味道，淡淡的尘土气，像是从很久以前带过来的。需要仔细闻，才能辨别出来。

政和白茶当作福鼎白茶

在前面已经说过这两个产地的差别，这里就不再赘述。对于不同产地的茶品，确是需仔细辨认，从干茶到滋味，尤其滋味区别很明显。仅区分外形有时候还不是很准确，以银针为例，是很容易和福鼎的茶混淆的。尤其是和福鼎的菜茶相混淆，菜茶的银针芽头也比较瘦，但是没有政和茶那么修长，所以单看银针，身材修长的是政和茶，肥壮的是福鼎大白茶银针，身材较小的是福鼎菜茶银针，菜茶银针每年产量很少，算是稀有物。

野生茶、有机茶、高山茶、土茶，概念混淆不清

野生茶，准确的应该叫作野放茶，多年以前，也是人工栽培，但是年久不采，任其生长，一般生长在不好采

老白茶（左）和新工艺白茶（右）的对比

老白茶（左）和新工艺白茶（右）的汤色对比

摘的地方，其成茶的芽头比茶园的要大，口感更丰富。但是采摘比较困难，所以每年量很少。

有机白茶，是指原料来自于有机白茶茶园，这样的茶园应用茶园内部生态系统自身协调平衡的原理，从而达到茶园的良性循环，不用打农药和施化肥。有机茶茶园的要求很高，对灌溉水、大气环境以及土壤都有具体标准要求。有机茶，便是在这样近乎原生态的环境下生长，所以滋味口感都符合高标准的要求。有机茶从外形上很难分辨，主要分辨的方法就是喝，有机茶相对于非有机茶耐泡，以2014年有机寿眉为例，十泡有余香，便是有力的证明。

高山茶，也就是生长于地势较高区域的茶，一般认为，在福建被冠为高山茶的，海拔在500米以上，福建总体地形为丘陵地貌，和云南不同，所以高山的概念自然也就和云南的不同。高山茶的口感要甜一些，也是比较耐泡，汤色会比海拔低的茶清亮。

土茶，也就是菜茶，当地人称为土茶，也称小土茶，都是一种茶，一种有性茶树种，栽培历史悠久，但是渐渐要被历史淘汰。在第二章树种的介绍里详细地介绍了菜茶，这里就不多叙了。

我的挑茶观

挑选茶，经过层层的把关，选定了品种、产地、级次、年份、地点，

茶园茶（左）和野生茶（右）

最后喝到一款茶，重要的还要问自己的感受，嘴巴和鼻子的感觉，喉咙和身体的感觉：是否两腮生津，是否有喉韵，是否腹部有温暖感，是否后背微微有汗，而不是一口喝下去，觉得有香有甜就好。“用身体来喝茶”，这样的喝茶理念我一直很认同，身体的感受才能直接评判一款茶的优劣与否，很多的外在感受可以伪造，但是经过身体的精密仪器的检测，它是什么样的，才精准。

一直认为，喝茶在很大层面上，主观的感受要大于客观的评判，专业的评价在“喜欢”面前，显得苍白无力。这是味蕾传递给中枢神经后引起的兴奋，而后触动心底的弦音，让人生出感动，生出记挂，生出怀旧。还是 2007 年的事，有一次到一家茶店喝茶聊天，无意中品到了一款老白茶，说不出来的香和韵，两天都在口腔里萦绕，两日不知饭味，我不是在夸张，可惜那茶没有多少，求店主让给我一些才解了心里的记挂。还有一款，我称为“心灵之茶”的散寿眉，看上去，色很杂，灰蒙蒙的样子，有叶有梗，常常被人称为“秋天的落叶”，但是这么多年，无论我到哪里都会带着它，到了异地，泡一壶来喝，有了这茶香，会觉得很安定，瞬间一切变得从容而有序。

所以，在购茶过程中，除了理性的分析和选择外，要顺从自己的心意，要让自己心情顺畅，你带回去的茶才会如友、如伴。这茶不仅是一款健康的饮品，也是一种修行的道具，喝茶品味，品世间百味，品人生百味，喝茶悟道，悟万物之道，悟万事之道，“茶禅一味”是用心品茶后的结论。

茶汤对比图，从左至右分别为十二年牡丹、五年牡丹、两年牡丹

第十章

年留白后的今天

——白茶的现状

近两年，从茶产业的角度看，似乎是白茶的时代，白茶的厂家和商铺风起云涌般鳞次栉比地在产地和集散地出现。喝茶的卖茶的都在说着白茶，原本不知道什么是白茶的人也开始喝老白茶了。这样的跳跃说明，白茶在沉寂千年后，开始萌发，抽枝，开启了全新的生命旅程。

白茶的现状

纵观白茶的历史，若说远古时代的神农用茶，必定是白茶，这和现在白茶的定义有关。但是有史料可考有关白茶的明确记载，应该从宋徽宗的《大观茶论》开始，当然在唐代陆羽的《茶经》里也有“白茶山”的记载。最有意思的是宋徽宗说的白茶还不是我们讨论的白茶，而是变异品种的白化茶。现在我们讨论的白茶严格意义上是从一种制作方法做出的界定，和树种的关系并不是很大。

对于白茶的现状用如火如荼、蓬勃发展、千姿百态等等这些词来形容都不为过。看主产地福鼎和政和这几年改做白茶和增做白茶的厂家的数量便知，再看看市场，更是家家有白茶，户户说白茶、藏白茶，更有很多地方原本不产白茶，现在也开始试种白茶，改种白茶。照这样态势发展下去，真真一个白茶的时代开始了。

在继普洱茶热之后，白茶又热火朝天地出现在人们的视野中。爱白茶的人不免有些担心，担心白茶会步普洱茶的后尘，担心白茶会越做越杂，好茶越来越难寻。这些担心有些道理，但是再看看普洱茶的现状，虽不如前几年那么热，但是喝普洱茶的人越来越多，实际上是慢慢地走入正常的、渐进式认知轨道。白茶，现在还是在上行期，但是脚步要比2016年和2015年慢些，渐渐也会走入平稳发展的态势。有一点可以肯定，随着人们对白茶的了解越来越多，白茶会成为日常品饮的茶类之一。白茶在茶叶市场已有了自己的一席之地，带给消费者更多的选择，茶叶市场渐渐呈多元化茶类消费的市场格局。

对于这两年白茶的国内产销情况，目前，中国茶叶流通协会还没有统计这两年总的白茶产销数据。2016年统计出来的白茶产量数据为2.2万吨，比2015年增长41.7%。继2016年后的四年期间，市场依然呈现火爆态势，越来越多的喝茶人选择白茶，由一线城市引领带动二线、三线城市，白茶的消费人群不仅在区域的广度和深度大幅拓展，且品饮人群越来越年轻化。很多国际饮品大牌也对白茶青睐有加，用国际化时尚的包装，在商圈和写字楼里引导年轻的消费者尝试品饮白茶。品饮白茶俨然成了时尚的代名词。

生产白茶的主产地有福鼎和政和，由于各自所秉持理念不同，广告语也有差异，福鼎宣称“世界白茶在中国，中国白茶在福鼎”，政和说“政和白茶，中国味道”，一个传播，一个传承。在白茶市场，福鼎的推广宣传更加主动，市场份额比重明显大于政和白茶，政和一些厂家也承认，很多喝茶人是先认识福鼎白茶然后才知道政和白茶的，在白茶还没有很热的时候，福鼎和政和的白茶产量以及销量基本相当，而十年后的今天，悬殊已一目了然。

就目前状况，笔者做了详实的个体调查，用事实说话，了解到一些真实的产销数据，实际状况，从知名茶企到中小茶企、个体茶农，以及品饮者的购买情况，更全面展示出各产销环节的白茶现状。

福鼎白茶这两年几乎算逆势上扬，其他茶类销量都在缩减，独白茶，风生水起的浪潮几乎席卷地球每个角落。国内的每次大小茶展会和国际的一些重要交流茶会，必定有福鼎白茶的一席之地，由政府组团参展，热闹场面可想而知。还有一些国内知名白茶品牌，如绿雪芽、品品香等自己单设展位，有自己独特的风格。从布展可看出，福鼎白茶有点有面的推广策略，让参会者总能找到适合自己的白茶产品。相对而言，政和白茶的推广力度就弱很多，当然也有很多有实力的茶企，坚守自己多年的传统制茶理念，拥有稳定客户，并没有把市场推广放在工作重心中。所以在数据的收集整理时，政和白茶产销数据很难收集，他们多数觉得产销较往年略有增长，每年产和销基本持平。政和县的政和佳木茶业提供的数据显示，2019 年白茶春茶收购大约 2 万斤，基本售完，收入约 300 万元。这家茶企在政和算有一定规模的中型生产厂家，在北京有两个厂家直营店，负责人介绍客户和销量逐年增长，眼里闪着自信和希望。无论是福鼎白茶还是政和白茶，都是白茶产业的重要组成部分，市场的认知有先后，政和白茶这个早在宋代就为宫廷内外热捧的茶类可能需要更长时间才能让人们认识了解。下面就以福鼎白茶的相关数据作为白茶产业现状的例证。

产地现状

据悉，福鼎市茶园面积从 2005 年的 21.5 万亩，到 2019 年为 36 万亩左右。福鼎市现有茶叶加工企业 443 家，其中国家级重点龙头企业 1 家（品品香）、省级龙头企业 18 家、宁德市级龙头企业 36 家。福鼎白茶 2017、2018、2019 年产量分别为为 1.28、1.5、

1.75万吨。2019年福鼎白茶产业综合产值将近100亿元，销售收入近5年平均增长30%，价格平均增长35%。可见白茶产业的增长让福鼎这片土地有了翻天覆地的变化，白茶已成为福鼎产业的支柱，福鼎人民主要的经济来源，同时让福鼎一改以前的贫困县的旧貌，成了名副其实的白茶飘香的福地。

白茶茶企——品品香、绿雪芽、大沁、华羽村

福建品品香茶业有限公司邵克平总经理告知，品品香为福鼎唯一一家国家级重点龙头企业，2019年白茶产量为1500吨，年产值为4.75亿元，平均每年增长40%。品品香这几年不仅加大标准化生产的力度，在包装设计理念方面更加国际化，融合中国元素，更适应现代人的消费审美。航母一样的品品香，持续稳定地引领福鼎白茶朝着更高更远的方向走。

说品品香，一定不可忽略绿雪芽。这个福鼎白茶老牌知名茶企这两年的产销状况，林有希董事长告知持续稳定增长，保守估计增长率约30%，由于原本市场占领份额和基数比较大，这样的增长速度是极其可观的。绿雪

芽近两年注重传统文化建设，给白茶赋予了文化内核。他们的有机白茶园依山傍水，在半山腰设太姥书院，定期开设国学课堂，教授茶文化以及国学经典。品品香和绿雪芽，是福鼎白茶的两个老牌知名茶企，一个偏重产品标准化完善，一个偏重传统文化建设。

福鼎白茶销售持续增长，出现了消费者认品牌的现象。绿雪芽林总说，有品牌的白茶销售持续增长，没有品牌的个体户销售在下降，新兴白茶品牌，如大沁、六妙、鼎白等销售增长迅猛。大沁白茶的陈颖董事长介绍，2018 年销售额 7000 万，2019 年已经突破 1 个亿，算一下这样的增长速度已超过了 40%。新型福鼎茶企的特点是现代化高科技和农业相结合，使得茶叶加工不仅品质稳定，产量高，且不再受天气的影响，避开了原先茶叶加工的缺陷。

在福鼎这片白茶乐园里，还有很多后起之秀，比如坐落在管阳镇的华羽村茶业。华羽村从 2012 年开始转型做白茶，由于得天独厚的地理位置，以管阳茶青作为原料，茶品在市场上很受消费者喜欢，销售额每年持续增长。2018 ~ 2019 年，产量约 70 吨，销量约 60 吨，销售额涨幅约 20%；2019 ~ 2020 年，产量约 90 吨，销量约 70 吨，销售额涨幅约 25%。华羽村张茂座董事长一直坚持不要太快扩大生产规模，要可持续稳定的发展。

笔者向福鼎点头镇元宏昌茶业调研，吴传夏总经理说，2018 年茶青收购大约 200 吨，2019 年基本持平，2018 年销量达到 80 吨，2019 年销售 70 吨，但年销售额上涨了 15%，达到 500 万到 600 万元。

个体经营

在福鼎除了有很多茶企，还有不少是以茶为生的茶农，有的顺势自己开一间茶叶店，以个体形式经营，这在福鼎点头镇的白茶交易市场就能看到很多。他们每年收茶青，自己做一些茶，也有的店就是茶农自产茶的代销点，成交后，每斤给茶店老板大约 2 元的提成。走访两家自己有晒场有车间的茶店——碧云茶庄和宸山供销茶庄。碧云茶庄的老板告知 2019 年春茶和秋茶收的茶青共约 300 万元左右，春茶的成品茶约 2 万斤，秋茶约 4 万多斤，然而销售以陈茶多，销售收入比进茶青的总额略高一点。

宸山供销茶庄 2018 年收购春茶成

品茶6000斤，秋茶1万斤，春茶基本售空，秋茶销售7000斤，2018年销售额320万；2019年春茶成品茶7500斤，销售5000斤，秋茶成品茶1.2万斤，销售8000斤，2019销售额310万。由于白茶可以存放，陈茶的价格每年约20%递增，除却库房和资金的占用压力，单纯从茶这方面考虑，并没有压力，所以即便销售额略有下滑经营者也不太担心。

经销商——茶集散地、茶庄、茶空间

从原产地出来，再看看各地的经销商如何。这两年走品牌渠道的销售一直很稳定，持续上涨，倘若没有大品牌支撑，靠个人品位经营的精品茶店，营业额就没有那么乐观。可每每提到库里的老白茶，店主又是一脸的幸福和自豪，这便是白茶的魅力。

问访浙江宁波的福浙茶业（宁波兴庄路176号），这是一家在当地极有口碑且经营多年的茶叶店，老板是位笑眯眯的80后女孩，她销售白茶多年，存了很多高品质的白茶，问及销售情况，有丝丝为难。再问，才说，白茶这两年销售还不如前几年，每年进货量大约20万元左右，而销量较前两年在下降。前几年，很多人客人过来找白茶，销售情况还不错，但是近两年，客人要求白茶的年份老，但还要价格低，很多时候，感觉生意没法做。她举了一个最近的例子，一个老客户想定一批白茶饼，要求2007年的，2007年价格一般2000元左右一饼为合理价位，后来这个客户寻到别家茶店的价格65元一片（357g），包茶叶的纸上赫然印有2007年。她说这样的生意真得很难做，但这又是常见的现象，很多客人送礼，并不太在意茶叶的品质，只要纸面上印上年份，价格便宜，就买。一方面客人觉得茶礼送过去，收礼者未必喝；一方面客人还不想送太贵的，但又希望是老茶。在采访过程中，我们屡屡沉默，有一种无名的无奈压在空气里。不过庆幸的是大部分客人还是认品质，众所周知“一分价钱一分货”，即便让利，也不能背离价值轨道。事实上，送礼人的心理正是中国一个送茶礼现象的折射，伪造年份茶的茶商利用他们这种贪图便宜的心理，成就了自己的商机。

南方市场以芳村为集散地，白茶所占份额较普洱在逐年提高，但是白茶的市场占有率还是敌不过普洱。北方市场以马连道为中心的集散地，白茶格外热，几乎每家茶叶店门口都有福鼎白茶的字样，问及销售情况，说法不一。有一部分是福鼎人在这里开的销售点，一个家族的人都在做茶，都说自己有厂家有茶园，真真假假。大部分店家对自己的销售收入很模糊，并没有账目可循。随机采访了一两个茶庄，告知每年新茶进货量在1000斤左右，自己存一部分，也卖一部分，但是每年的销售收入主要来源于老茶，基本上存新茶，卖老茶，喝茶的人一般购买五年以上的年份白茶，存茶的会找一些品质好的新茶存放。

这几年经营茶的场所越来越多元化，除了传统的茶庄、茶馆，还出现很多茶空间。茶空间是用来传播传统文化的一个平台，有茶、香、花等中式元素加入，使得空间有了美学的意蕴，茶味多了光阴的穿越感，这里就可以遇到白茶。在北京鼓楼附近的茶作（CHA MAKER），就有精品白茶售卖，极精致的包装，白茶是老板亲自挑选的，以老白茶和牡丹为主。茶空间主人解释道，这里的客户人群主要来消费茶水，对于茶，并不十分关注，但是茶的品质也不能太低，所以为客人准备一些中等偏上的白茶，单纯买茶带走的不多，多是办理会员时作为赠品，让茶去说话。这里经常请老师办专业的白茶品鉴会，会员们很踊跃

参加。类似这样的茶空间，全国各地都有。在极具艺术品位的茶空间品一杯清甜的白茶，把美的空间作为背景，人和茶置身在其中，是一种怎样的奢侈。

品饮者

无论是茶企还是茶庄、茶馆、茶空间，都是销售的环节，最终，白茶需要在茶壶里舒展，在品茗杯里尽显毫香蜜韵。听听喝茶的人怎么说。

喝茶的人有一部分喜欢边存边喝，这样的喝茶人买茶量不少，一般会按箱购买，这就需要买茶人有足够空间存贮。有一位做贸易生意的朋友，以前热衷收藏老普洱，现在他也收一些白茶。他买茶以存为主，有一部分作为茶礼，喝的少，有专门的存茶空间。他每年在白茶上的投资大约20万元。还有一位做红酒的周先生，只收银针和野生牡丹，存红酒的库房比较干净，也适合存茶，为此，他从景德镇订了10个茶末釉半人高的缸，专门存放茶叶，他近两年每年购入白茶约15万元左右。采访过程中，还发现一位在银行上班的王女士也很爱白茶，她每年购白茶量一般10万元左右，以高品质的银针和小土茶为主，有口感好的老茶也会买，喝老茶，存新茶。当问及她为何要存这么多茶，她笑了，实际上是几个同事一起团购，她懂茶，作为代表，所以在她家里的茶并不太多。

在实际购买白茶的消费者里，相当一部分是买了送礼的，这样的购茶者对茶品的质量不太计较，更多在意茶品的价格。从对品饮者调研得到的信息可看出：总体低端的茶好卖，也就是不超过100元的茶销售起来更加容易，越高端的茶销售的难度越大，当然也和销售定位有关，比如在马连道有一家专门卖老茶的茶庄，他告诉我20多年的老白茶好卖。

茶，从鲜叶采摘开始，经过茶企、茶庄、购买者，终于到品饮者这里，接着需要了解一下品茶人是如何品饮和保存白茶的。

存茶的热浪

白茶，近几年被饮茶人青睐，除了它有一定健康功效，还有一个原因，就是保存条件不苛刻，常温密封就好，连真空包装都不需要，又加之每年口感滋味的变化让人着迷。于是，白茶市场出现“存茶热”，从知名茶企，到茶商、个人都热衷于存茶。有的茶企建起类似酒窖的茶窖，专门为白茶建一个宫殿，恒温恒湿；有的用桐木箱，有的用缸。各家的理解不同，所用器皿有别，但都极其用心待茶。茶商存茶的方式随意些，一般用纸箱加密封袋就存了。个人的存储也是千差万别，总体来说个人存茶量不大，多的存几百斤，少的存几斤，一般喜欢用瓷罐和木盒存储，既美观又取用方便。由“存茶热”引发很多有趣的现象，比如为子存茶、纪念日存茶、代客存茶，同时还出现了“北京仓的干香”“福建仓的湿味”等存白茶的新名词。

仔细看茶客的存茶，主要存的是什么？一般依照个人的偏好定，但是依据市场的销量看，饼茶多于散茶，饼茶中以寿眉饼为主；散茶中，喜欢存银针的要多于牡丹，主要因为银针的外形与口感无论自己品饮或与友分享都适宜，而且这两年的新银针价格并不很高，平均价格在一斤 1500 元左右。

品饮方式多样化

细心的人会发现，白茶除了存储方式多种多样外，品饮的方式也是五花八门，冷泡、煮饮、花式泡饮、调配饮应有尽有。为了方便品饮者，生产白茶的茶企创制出各种形式的白茶，单单紧压茶就有迷你小沱、饼干茶、巧克力方茶，还有袋泡茶、三角形的山形茶等等，目的都是为了方便品饮者更加方便携带。

白茶知识传播日盛

事实上，从 2017 年后，更多的饮茶人主动来了解白茶，学习白茶的知识。自从 2015 年《第一次品白茶就上手》第一版出版后，有很多白茶书籍陆续出版，可见越来越多的爱茶人把目光转向白茶，希望更多、更深入地了解白茶，由原来的感性品饮人转变成理性的消费者。更有福鼎市太姥山以及其周边茶园成为茶旅游的胜地，很多爱茶人希望在喝到白茶的同时了解白茶的产地甚至亲历白茶的制作，由感性到理性又到感性的过程，这些过程形成根深蒂固的思维，再喝白茶，不由出现一些评判标准，对白茶提出了更高的要求——从产地到工艺，这也是这几年的新变化。

第十一章

漂洋过海来看你

——海外白茶寻踪

每次想到白茶出口，经海上风浪，飞行中的劳顿，不由生出丝丝怜爱。白茶与别茶不同，更内秀，更含蓄，更幽静，如同一位由中国传统文化教养出的公主，她出使异国，有表达友谊和传播文化的使命，也只有她可能诠释中华文明最深沉的内核——淡泊恬静的高贵。

白茶，历史上，一直有着“茶大使”身份，2007年之前70%的白茶销往海外，有欧美、东南亚等国家和我国的香港。与国内消费为直接品饮的利用方式不同，白茶在国外用途极其广泛，它们被用于食品辅料、药品、美容护肤品、抹茶、茶饮等。

白茶的外销

整体看，白茶出口厂家不多，近几年出口总量在提高，但和内销份额比，在下降。

由于白茶的税则号列（又称海关税则号列或HS编码）尚未增列，白茶出口目前列属再加工茶或绿茶。如今各国对中国出口茶的要求不断提高，还有一些国家构筑贸易壁垒；相反，国内市场对白茶的需求逐年增大，原本以外销为主的茶企也逐年增加内销。

据了解，现福建省福鼎市出口白茶的厂家有四家：福建省福鼎市品福茶业有限公司、福建品品香茶业有限公司、福建省福鼎东南白茶进出口有限公司、福建省福鼎天健茶叶有限公司。因福鼎白茶近几年内销持续升温，外销和几年前相比出口量明显下降，有的厂家由于内销供不应求，根本无暇顾及外销，所以外销份额大幅度减少。

据福建省福鼎市品福茶业发展有限公司董事长孙晨晖介绍，虽然公司一直以出口为主，但近几年来正逐渐增加内销的比例。近年，白茶价格大幅上涨，国内消费者认为是价格回归，刚刚接近同品质的绿茶。在深入了解白茶功效后，喝茶人更愿意尝试白茶，因此白茶在国内的需求量逐年上涨。而欧洲、北美可接受的白茶价格上涨幅度在5%～10%，于是逐年上扬的鲜叶成本直接影响出口订单的成交。出口量由原先的100多吨下降到不足30吨。除了价格的因素，有些国家不断提高进口标准，比如欧盟，原先检测项目也就200多项，现在增加到400多项，瑞士515项，日本设限的农残由83种增加到144种，设限以外的农残限定在0.01pm。这就要求厂家从茶叶的源头严加管理，对初加工制作更加严格，无形中增加了生产管理成本，诸如此类的原因提高了白茶的出口门槛。即便这样，孙董事长信心满满地从茶树生长环境开始监管，对每一个生产环节实行科学化灵活管理，无论国外的门槛设得多高，白茶依然符合各国检测标准，让福鼎白茶成为中国白茶响当当的代言人。

福建福鼎东南白茶进出口有限公司张郑库董事长介绍说，这几年白茶出口以东南亚为主，很多东南亚客户投资白茶，偏爱以白茶饼为主的紧压茶，具体品种有白毫银针、白牡丹、寿眉，以寿眉偏多。以2018年为例，东南白茶出口52个柜，每柜平均9吨左右，保持持续增长的势头。同时东南白茶也在扩大内销，创新品牌，积极参与推广白茶文化，提高在国内外的知名度。

福鼎白茶的出口，有历史的渊源，福鼎不仅有茶，还有很好的港口资源，如沙埕港，一直就是出口货物的港口。从明清时候开始，出口茶品有白毛茶和花茶、红茶，早些时候，白茶还是以上流社会品饮为主，后来现代科技的广泛应用，白茶的有效物质让很多行业有了兴趣，于是除了直接作为饮品外，还被广泛应用到医药、美容甚至于生物科技领域，很多国际一线大牌护肤品就用福鼎白茶的提取物作为主要有效成分。当白茶作为原料输出时，输入国更在意茶叶的品质而忽略外形。所以，虽白茶大量出口，在西方国家的市面上却很难得见到白茶最初的形态。

政和白茶出口量最大的是福建省政和县白牡丹茶叶有限公司，据黄礼灼董事长介绍，每年海外订单还算稳定，平均每年出口量300吨左右，政和白茶主要出口香港和东南亚诸国，欧美国家少些，销往香港平均每年达150吨，以牡丹为主。了解到出口海外的白茶以供应原料为主，国外各行各业都对白茶产生了浓厚的兴趣。欧美做药品和美容护肤品多，也有加工为抹茶、速溶茶。在德国，将白茶加工成茶水浓缩液，新加坡则把白茶加工为茶饮料。不过近几年，在欧洲市场越来越多的人开始尝试直接品饮白茶，在立顿和星巴克可见端倪，立顿的三角包和星巴克的精选白茶，在中国市场就可品到。福建省政和县白牡丹有限公司作为海外白茶最大的原料供应商之一，无疑也成为中国白茶一张耀眼的名片。

虽然这几年白茶出口总量没减，但相对火热的国内白茶市场，海外的订单就显得清冷。外贸趋冷的原因很多，业内专家分析如下：第一，价格上涨。白茶内销需求不断增长，白茶原料和人工成本逐年增加，和十年前相比，成品茶价格平均上涨近4倍，海外市场接受难度增加；第二，利润导向。白茶由于内销需求每年增加，在外销和内销面前，厂家一般会选择内销优先，一是没那么多繁琐的检测手续、严苛的检测标准，销售环节也相对简单，二是从利润看也比外销略高；第三，贸易壁垒。由于一些国家的贸易壁垒，出口难度加大，甚至有些国家近两年停止进口中国白茶，若想出口到这些国家，需经第三方国家认证周转，重重关卡不仅延长出口时间，还增加出口成本，使白茶出口成了“鸡肋”，费时费力，收益甚微。还有很多原因，也影响外销，诸如外商订单不稳定，标准不断提高，外围的经济大环境等。

白茶出口，一些茶企觉得程序繁琐，利润低，要求高，没有必要做。而有固定海外客户的茶企认为做白茶外单比较容易，一是需求量大，客户比较固定；二是熟悉出口流程，最重要的是茶叶品质稳定，渠道畅通，不因检测内容的增加受到影响。故开展外销业务与否需由各茶企依其具体情况而定。

出口茶和内销茶的加工差异

出口欧洲的白茶一定要室内萎凋，不能有“太阳味道”。东南亚则喜欢“太阳味”的白茶。

孙晨晖董事长介绍出口的白茶加工工艺，特别指出：出口欧洲的白茶一定不能有“太阳的味道”，尤其出口到德国和法国的白茶。这和部分国人对“好白茶”的评判标准基本对立，他们要求白茶有鲜、爽、甜，严格限定，只接受远离污染源、符合食品卫生加工要求、与外部环境隔离的室内加温萎凋，可针对不同的气候灵活掌握萎凋条件，认为这样可保留茶原始的鲜爽，而直接日晒在一定程度上破坏了茶叶原有的鲜灵度，影响茶味本真的香气。他们对每年茶叶滋味的稳定性也有要求，第一次确定好的样品，以后不能有变动。其中最严格的要数德国进口商，对认定的萎凋房和萎凋竹筎的规格也有数字化要求， 比如：萎凋房尺寸为13.5×7.5×3.5米，萎凋房里摆放的竹筎为6行，每行高15筛×7组，一次萎凋630筛，每筛摊晾的鲜叶2.5公斤，大约4公斤鲜叶出1公斤毛茶，一次约可做出近400公斤的毛茶。德国人严谨的数字化思维辐射到生活的每一处，也不放过白茶制作。

有关白茶日光萎凋的利弊，业内也有不同的看法，有些制茶大师偏向室内萎凋，并不特别强调“见太阳“，认为茶在自然状态下失水，不受其他

室内萎凋房
（图片由福鼎品福茶业有限公司提供）

因素影响，保持鲜叶原初滋味。而“日光派”认为白茶就应该在太阳下接受阳光的照射，产生新的物质，茶香温暖。从中医角度看，普遍认为日晒可改茶性寒凉变温暖。依据国内大部分的研究结论，有阳光晒过的茶，或好天气做的茶，不限白茶，无论是实际的内含物质，还是感官的滋味都比不见太阳的品质高（国内标准），对品饮者健康更有益。东西方国家对茶叶要求的差异，究其原因，这许是东西方品饮茶的方式不同，又饮食文化不同，更有医学解释依据不同，这三方面原因导致对茶叶品质要求有差异。西方饮茶多为调饮，国人多清饮；西方饮食多奶肉，国人多素食；西方有诸多的临床医学，惯常用数据佐证，用分解的思维看茶，而中国有《黄帝内经》《本草纲目》等，是以一种融合的整体思维看物质之间的联系，不孤立地看任何一种存在，更具有辩证统一的思想。当然也在用现代科技、西方逻辑来实证茶的内含物质，以佐证茶的各类功效，应和当代人对数据的依赖和需求。然而国内消费者对茶的认识大部分根植于文化中，更多靠观念引导，受数据影响不大。

白茶无论是出口的还是内销，核心加工方法依然是萎凋和干燥，不过应特定国家的要求，有些白茶必须在室内萎凋，而内销白茶，只有恶劣的天气不得已才在室内萎凋。

出口茶叶的检测

出口茶叶的检测标准，各国不同，一言以蔽之，欧美、日本标准高，其他国家和地区低，出口东南亚的茶叶参照国标。检测分自行报检和他检，也有茶企具有免检资格，可直接出口。

茶叶在出口之前，前期准备过程中，一般开始自检，从而茶企对即将出口的茶叶有个大概了解，同时这也是中国对出口产品的要求。白茶出口的程序，包括：前期准备、商业洽谈、申请许可证、报检、报关、定舱、提单确认、货物投保等十三个环节。出口的茶叶在前期准备时，送检国内特定的权威技术检测单位做检测，现在国内有此资格的检测机构有：浙江、福建、湖南进出口商品检验检疫局、中国农科院茶叶研究所、农业部农产品质量安全监督检测测试中心等多家单位。也有在国际认可的第三方检测机构做检测，如通标标准技术服务有限公司（简称 SGS）和欧陆（Eurofins）集团也有相关的出口茶叶检测服务。若符合标准，会出具相关的检测证书，有一些国家是认可这些权威机构出具的检测证书，而有些国家还需要自行样检。出口茶叶程序繁琐，检测内容全，项目多，尤其是欧盟中的德国和近邻日本。

有关茶叶检测标准，据 SGS 项目负责人介绍，各个国家标准不同，而且不定期有变动，主要检测内容是农药残留物和重金属。欧洲的标准比我国香港、东南亚高，检测项目多，多达到 481 项（欧陆检测），他们还推出 515 项检测套餐，为了极个别高标准国家而设。他们检测项目每年也根据各国对进口茶叶的标准变动做相应的调整和增减。再看日本，这几年为了保护本国茶农利益，限制茶叶进口，增加检测内容，提高标准，推行原产地标注制度。为了保障茶产品的质量，各国纷纷制定相关法律法规。欧盟 EC 396/2005 号法规对茶叶制定了 478 项农药残留限量的规定；日本实施“肯定列表制度”后，涉及茶叶的农残限量指标从原有的 83 项增加到 229 项。未制定最大残留限量的农产品检出限标准一律为 0.01mg/kg。

据了解，中国茶叶出口在实操过程中，有些国家的要求极其苛刻。欧洲国家对中国茶叶检测不仅要求有齐备的检测报告，即便到岸，再次抽样货品的 50% 再次检测，且一票否决，若有一个样不合格，全货退回。日本对进口中国茶叶，除了各项检测需要达标，在加工过程中对温度、湿度和装卸过程要全程监管。日本人的精细严谨类似德国人，但更有东方色彩，德国人拘泥于数字和结果，是静态监管，如同把程序输入电脑，就等着结果。日本人为达成结果精准，对过程也严格监管，是动态把控。这些苛责的要求对属于农产品的茶叶有着极大挑战，茶叶因天气和小环境变化，很容易出现不可预知的状况，出口茶企需采取积极措施应对可能出现的各种情况，以达到茶叶品质的可持续高品质稳定。出口茶叶的茶企不仅对茶叶加工环节严格按照出口国的要求生产，更要对茶叶生长环境、土壤严格管理，施肥、治虫害都需更高要求，以最大限度确保茶品质的相对持续稳定。事实上，在和SGS检测专员聊叙过程中，她指出，现在国标虽然只有50项，但是涵盖的内容很多，要求很高，能达到国标的茶已经就是放心茶。所以国人品饮符合国标的茶，尽可放心饮用。

品福茶业欧标福鼎极品牡丹

品福茶业欧标福鼎特级牡丹

下表为检测茶叶的基本内容，无论内销还是外销，外销一些国家标准会高一些，检测项目更多。

茶叶检测项目

类别	检测项目
感官	形状、色泽、汤色、香气、滋味、叶底
理化指标	水分、灰分、粗纤维、咖啡碱
重金属	铅、砷、汞、镉、铬、稀土等
农药残留	有机磷、有机氯、菊酯类农药等
微生物	大肠杆菌、霉菌酵母、致病菌等
生物毒素	黄曲霉毒素、展青霉素等
营养成分	膳食纤维、碳水化合物、矿物质、维生素等
食品添加剂	二氧化硫、防腐剂、甜味剂、色素等

出口的白茶品种以及用途

白茶的出口品种，可按时间和空间来看。时间上，在清末出口的白茶，以白毫银针为主，后来加入白牡丹和贡眉、寿眉，20世纪60年代末期一度出现过新工艺白茶作为低端茶品出口香港。空间看，欧美以白牡丹和白毫银针为主，也有相当数量的贡眉和寿眉加工成碎茶作原料出口。中东以寿眉为主，东南亚以牡丹为主。福鼎白茶主要出口欧美，而政和白茶主要出口东南亚。

出口的白茶用途很广泛，有作为茶叶直接售卖，也有作为食品的辅料，比如做糕点的辅助材料，也有提炼白茶中的有效成分做为药品和保健品，如纽崔莱部分产品就以白茶的提取物为主要成分。当然，在欧美，白茶的美容功效被广泛地运用在各种美容护肤品中。无论是著名品牌香奈尔（Chanel）、迪奥（Dior）、雅诗兰黛（Estee Lauder）、安利(Amway)，还是屈臣氏(Watsons)的白茶睡眠面膜，以及在欧洲很多酒店都在用的白茶香波、沐浴液、护肤品等。

事实上，在国外的白茶很少以茶叶完整形态直接销售，多会是形态上的再加工，改为袋泡三角包或茶饮，如立顿白茶、星巴克白茶就是如此。当然也有坚持用完整形态出售的，如新加坡的TWG茶店销售的白牡丹，英国的MEI LEAF茶店销售的各种白茶，星巴克的白牡丹茶等。不难看出，在有喝茶传统的国家或华人比较多的国家，较容易见到白茶的完整形态，东南亚的一些国家，马来西亚、新加坡、泰国等华人多，不仅有白茶，还有存储很好的老茶，当然，在英国难得在一般茶店看到完整的白茶——白毫披身的银针，自然的白牡丹，纹理清晰的寿眉。在欧洲，如法国、葡萄牙、意大利等国，基本看不到成品白茶，问当地人也不知道白茶，但有趣的是白茶被广泛应用到医药和美容上，直接作饮用的茶品还是以红茶和乌龙茶为主。

国外对白茶的认识

查看了一些国外介绍白茶的资料，大体认为白茶极其珍贵，对于类属，很混乱。有些归为绿茶，也有说类似绿茶，属于没有氧化的茶品，口感极优雅且清淡。认为白茶的采摘要求严格，需等到茶芽身披银色茸毛，在特定的季节和特定的时间采摘制作，制作方法以晒干为主，产地主要是中国和斯里兰卡，在印度也有生产。

他们还认为白茶稀少而昂贵，咖啡碱含量低，且有抗氧化、降三高的功效。在英国有茶书上写道白茶是“没有酒精的好酒”，非常适合晚餐后饮用，因咖啡碱含量极低，不影响睡眠。西方人也认为在品饮白茶时，不应加牛奶，也不应在品饮之前吃辛辣食物，原因是白茶的香味和颜色很淡，适宜清饮。

接六大茶类来说，白茶属于小众茶，白茶出口到欧洲的，分布在市场上的数量本身就少，早期中高档福鼎白茶进入欧美的几乎在五星级以上宾馆消费，中低档切碎后作为可视袋泡茶泡饮，据我所知的，白茶的泡饮方式与多数绿茶相仿，基本没有什么太大区别，除眉茶外。

原本，白茶一直以出口为主，国外对白茶的研究发掘比国内更深入广泛，并用在很多领域。也许是中国消费潮的引领，近几年，很多国外的健康网站强调白茶功效，又不断公布新的研究成果和相关白茶产品，瑞安·拉曼（Ryan Raman）博士2018年在健康网站对白茶的功效做了阐述总结：1. 富含抗氧化成分、儿茶素。2. 降低心脏病的发病率。3. 减肥，控制体重。4. 保护牙齿。5. 抗癌。6. 降血糖。7. 防止骨质疏松。8. 防止皮肤衰老。9. 有助于预防帕金森氏症和阿尔茨海默氏症。他们一边对白茶的功效归纳阐明，也不断推出更多的含茶成分产品，在海外市场，越来越多的晚霜、面膜、眼霜以及护肤乳液等添加白茶有效成分。

对白茶的品饮，国外人大部分人习惯用英式下午茶的大壶冲泡法。有些西方人刻苦学习中国功夫茶道，也有人沿用日本点茶法，喜欢创新的饮茶人还开发适合西方人品饮习惯的饮用法。英国就有借鉴品红酒的方式品白茶，换茶杯为酒杯，加上喜欢的酒或者饮料，让白茶有了西方的味道，在圣诞夜、迎新年的派对上就有白茶鸡尾饮料，优雅的白茶，被各种香甜环绕，有白莲花的意味。又如夏天，加果汁和冰块，配柠檬，果汁白茶饮成为夏季的解暑饮品，也有尝试配不同口味的巧克力同吃的，黑巧克力配老白茶，白巧克力配新牡丹……还有一种西方人常见的勾兑品饮法，用白茶配白葡萄酒，茶香托着酒香，清香倚着花香，微微醺醉，在茶也在酒。

国外的白茶市场

单纯从茶叶市场看，白茶所占份额微乎其微，大部分西方人并不知道白茶，在中小型茶叶店，很难看见白茶的身影，只有在专业的大型茶叶销售中心或者中国茶叶销售点，才有白茶出售。在西方，下午茶不仅是放松社交的方式，也是品茶时间，但在人均喝茶最多的国家——英国，下午茶单上也没有白茶，但有各个产地的红茶。其实，为何英国人偏爱红茶，在大英博物馆一些馆藏茶罐附带说明就能找到答案：是没有选择的选择。一套中国茶罐的解说文字叙述了19世纪运输的茶品以红茶为主，解释原因：运输时间太长，新鲜的绿茶会变质，所以进口红茶。在英国，下午茶的世界几乎是各国红茶平分秋色。不过在东南亚国家，如新加坡，即便在高端的法式餐厅下午茶的茶单，也可遇见白茶。在茶叶店，无论大小，均有白茶售卖。当然有些白茶不一定是我们讨论的白茶范畴，在马来西亚有茶店卖类似安吉白茶的蒸青绿茶亦被他们称为“白茶”。

不过，在西方国家以白茶为主要有效成分的产品随处可见，在美妆店、药店很多美容护肤品都以白茶的有效成分作为主要成分。在食品店里，食品辅料虽没明确标注白茶，从出口商这了解到，一部分白茶出口后，加工为食品辅料，所以，不难想象，在吃抹茶茶点时，可能在吃白茶茶点。

在走访过程中，有幸在英国伦敦发现了一家茶屋 Mei Leaf Teahouse 有很多白茶在售，这可能是笔者在海外看到最全的中国白茶销售店，有广西白茶、福鼎白茶、政和白茶、云南月光白，还有老白茶饼茶，白茶品种很全，从银针、牡丹到贡眉、寿眉。这家茶店不仅销售的白茶品种齐全，而且对白茶工艺进行细分，特别强调传统工艺。白毫银针，这家店就分为传统工艺银针和非传统工艺，当然传统工艺的银针价格高于非传统银针一倍多。在伦敦，能见到这样的茶叶店，是白茶的幸运，更是爱白茶伦敦茶友的幸运。

在店里，发现他们经营方式更是中西合璧。单说茶，他们有喝茶的空间，类似茶馆；有卖茶的销售区域，类似茶庄。有关白茶的茶单，有很多套餐可以选择，可以单要一个茶品，也可点功夫茶对比冲泡，即同时提供三种茶，三套冲泡用具，几种茶品同时冲泡，对比茶香、茶味、茶底。比如同时冲泡几个年份的牡丹，几个品种的白茶，差别一目了然，顾客很容易找到自己喜欢的茶。这家茶店对每一款白茶做了信息归纳整理，介绍极其详细，不仅介绍产地、采摘时间、采摘级别、海拔、采摘方法，还对白茶的滋味进行盘点分析，整理出滋味品鉴图辅助品饮者找到对应的香气。更推荐客人用功夫茶道方法冲泡茶，理由是可以得到充分的品饮体验。在他的茶店，很多冲泡方式供客人挑选。

这家茶店的老板 Mr.Don 极爱中国茶，尤其喜欢云南普洱古树茶和福建白茶，他在 Facebook、YouTube、Instagram 和 Twitter 等网络平台做视频直播，其中有几段视频是对福建白茶（福鼎、政和）的详细介绍，对白茶的产地、品种、制作工艺，以及冲泡方法等做全面详实介绍。他亲自走访当地的茶农和厂家，了解制茶工艺，风俗人情，并坚持用传统的功夫茶冲泡方法让白茶在水中充分释放茶味。对于水温的要求，他认为用 95℃的水冲泡白茶最合适。在他店里，用盖碗冲泡一款 2011 年的老寿眉，茶香温暖，茶汤清透甜润，一时竟忘了这是距离中国万里之遥的英国伦敦。一杯茶的神奇，便是温暖的茶香可疗愈内心的漂泊感，让失衡感得到弥补和填充。Mei Leaf 的茶店实际上是一家中式养生馆，同时还经营中国相关的中医养生项目，比如艾灸、针灸、按摩等，浓浓的中国味在伦敦的 Mr.Don 的店里。

除了在英国看到品种齐全的白茶，

再就是近邻马来西亚和新加坡了。在马来西亚的老字号茶店，一般会有白茶售卖，但白毫银针和安吉白茶似乎不分，茶桶上写着白毫银针，里面装着类似安吉白茶的绿茶。买了一些品尝，是绿茶无疑。大约是把国内名唤的“白茶”和实际的工艺白茶混淆了。白茶，要不认真探究，这样情形在国内也常有发生。在茶店售卖区没有年份很老的白茶，有 2010 年后的白茶，以饼茶居多。后在马连道茶店觅到马来西亚的回流老白茶寿眉，是很特殊渠道所得，也告知在马来西亚的茶店根本没有。

在新加坡 TWG 品牌茶店里，有真正的白茶在售，但混合白茶更多，将福建珍贵的白茶和花果茶进行拼配，创始人塔哈（Taha）解释道，不太了解茶的人，第一次喝混合茶香就可以品尝到最稀有的白茶，就有可能会迷上它。对于这样的理由，可理解为抛砖引玉，对于不太了解白茶的人不是很能欣赏到滋味很淡，又如此优雅的白茶之韵，需要茶香引路，在味蕾品鉴路上，有回归自然的必然性，回旋在茶香里，滋味里，人们追逐的回路中。西方心理学研究结论在东方很多经典著作里，寥寥几笔已写明白，乃殊途同归。在 TWG 下午茶的茶单可见白茶，用白瓷壶冲泡一壶白牡丹，清雅恬淡，配上现烤的糕点，不必太甜，有丝丝温暖的软糯甜点最好，绝美的搭配。

海外市场不仅有实体茶叶店，还有线上网店和各种平台可作销售渠道，在亚马逊（Amazon）、YouTube 和 Twitter 等平台无论直接还是间接推广，搜一下 White Tea（白茶），各样的相关白茶产品林林总总，你会发现，白茶的海外线上要比线下热闹，购买量并不少，商家有中国的也有海外的。

中国的白茶和其他国家的白茶

世界范围内，白茶主要产区有中国的福鼎、政和，云南、浙江、广西等地也有白茶。国外主要有印度大吉岭、斯里兰卡。事实上，很多冠以白茶之名的白茶不一定是真正意义的白茶，只是形似白茶，而并非白茶的制作方法，如浙江的安吉白茶和江苏溧阳白茶。

这几个世界主要产地的白茶，由于树种、自然环境和生产上的细微差异，故茶形、茶香、茶味、叶底都有差异。

斯里兰卡的白毫银针的茶形细、瘦，不似福鼎银针肥壮，不似政和银针修长，干茶色呈灰白，毫不显，干茶有淡淡的梅子香，冲泡过程中香型的变化是由淡花香渐浓，转为浓郁的野花香、木香，茶气足，大约六泡后茶味转淡，水味盖了茶味。香气是当地特殊的锡兰香，有类似锡兰红茶的香味，但更加清新，茶汤口感初品清爽柔和，从第三道开始花香浓郁，热烈宽广，茶汤纹理也越来越粗放，但从头至尾没有苦涩感。类似云南月光白的滋味，然淡雅得多。每斤价格在2500元人民币左右。

印度大吉岭白茶的银针（Silver Tips）外形似白牡丹，干茶香气就有干花果的香，冲泡后，热香是带有甜味的混合花香，汤色呈亮杏黄色，茶汤口感细腻绵柔，香气持久，大约六道后茶味渐淡，但水中的花香依然，叶底呈五色，鲜嫩柔韧。因每年只做一季，量极少，需预订，每斤价格近4000元人民币。

印度白茶

斯里兰卡白毫银针

各地的白茶，都有自己鲜明的茶味特点：中国福鼎白茶清香甜柔、政和白茶回甘霸气，斯里兰卡白茶花香高扬，印度白茶花果味浓郁……

白茶，无论产自哪里，因制茶工艺简单自然，最大限度保存鲜叶本真香气，相对绿茶、红茶更含蓄、内敛，因而西方人对白茶有了茶味清淡、滋味优雅的印象，传统工艺完全受天气制约，不易做，故极珍贵稀有。

回流老白茶

市场是一只无形的手，牵着商家和消费者朝着有意无意设定好的方向，规则类似，内容不尽相同，在历史车轮行进过程中，绝没有想象中的事实预见。比如，寻觅老白茶。

若有人想在国内市场或者厂家的仓库里找到大批老白茶，绝不可能。逻辑很简单，以茶为生的茶农、茶企，不会特地存白茶以待来年未可卜的升值，所以偶尔剩下的少许不过是无奈中的偶然。在茶客们热烈追捧老白茶时，必然有些茶商跋山涉水地寻找真正的老白茶。因白茶早些年以出口为主，东南亚、欧美居多，欧美没有直接品饮白茶的习惯，多作为原料进口，于是锁定东南亚开启寻觅老白茶。

有些茶商去国外找回流茶，幸运的可以带一些性价比不错且存贮干净的老白茶，完全靠运气。一般他们选择去我国香港、马来西亚的老茶庄寻找老白茶，问及情况，告知不仅价格高，还没处买。据一位从马来西亚找到 20 世纪 80 年代老白茶的马连道茶商告知，费尽周折找到茶，只有 20 斤不到，收货价 1 斤折合人民币 1.5 万，他只能定价 2 万左右。他还特别强调，台湾没有老白茶，台湾人根本就不喝白茶，有人编故事说从台湾回流的，根本就是无稽之谈；香港有，但不多。会有些老白茶在藏家手里，茶庄很难看到。在广州和北京茶叶市场，偶尔会看到泛黄的老木箱，上面有“中国白茶”的字样，规格有 13 公斤，也有 9 公斤，规格的设定主要依据茶的品种和买方要求，掀开老木箱上蒙的纸，

马来西亚回流的 20 世纪 80 年代老白茶

茶叶一律都是深灰褐色，叶面有一层霜，仔细看茶芽上依然有灰白色的茶茸，覆盖着深褐色茶体，冲泡后只有黝黑发亮带褶皱的叶片，肉眼看不出茶毫和茶芽。

回流老白茶（图片由北京茶有普茶业公司提供）

从国外回流的老白茶，多是散寿眉，也有碎牡丹，大多有南方仓储味。冲泡过程中头两道不建议品饮。老茶的汤感因茶而已，并不是所有都顺滑醇厚，要看茶芽的含量和保存过程中的转化。若茶以老叶为主，则汤色清亮，甜度高，但水不厚；相反，若芽含量高，茶汤醇厚绵柔，耐泡，但甜度低。于是很多喝茶人喜欢喝牡丹，有芽有叶，口感丰富层次多。对于回流的老白茶，不能一味地追逐年份，要就茶论茶，有的年份短，但茶的品质好，价位相对没那么昂贵，不妨作为首选。再有就是存新茶，陪着茶走过春夏秋冬，感受茶每一年的转变带给你的欣喜，不觉中，茶有了你的记忆，丰厚的滋味只有你懂得，杯中茶，也如故人。

综上，仅把近几年白茶出口现状脉络梳理一遍，具体的数据和情况每天都在变，若想知晓精准数据，需要即时核准，此文不过是一个概述。有关白茶出口的历史已有相关部门的专业人士进行资料整理，书籍出版，可作资料翻阅。历史的纹理清晰又模糊，清晰是事件的文字记载，模糊的是渐渐走远的记忆。当年木箱装的白毛茶，现在集装箱运的银针，当年西方宫廷里尊贵专享，现在广泛运用到医药美容领域……白茶这张清雅的中国茶名片，正在以茶在故乡中国的原叶形态被越来越多的海外茶友认识、熟知、品饮。

附　录
APPENDIX

闲解茶语

前日去什刹海，时觉和风暖煦，绿绦拂尘，春日朗晴，微影浮舟，人在湖边，推却不掉的春之盛情，不如领了好，便想深深吸一口融着花香的空气。不时燕儿掠过，扑朔朔在空中划出弧线，不禁想仰头随之看去，这温情的蓝天竟然被迎头的绿色枝叶框成了一幅幅的画——有飘着的丝丝云，有远去的点点风筝，看着看着，蓝天幻化成一潭水，可能是刚穿过冬日的冰封，清亮得有点儿得意，寒意已是昨夜混沌的梦，昏乎乎地发懵倒让这水有了温度，有了绵绵的柔软。仰看头顶的一畦天，莹绿的垂柳随着微风轻轻飘漾，忽然觉得自己是在倒看一杯茶，这轻轻摇曳的绿色成了春天的茶芽，空中飘飞的柳絮儿，似茶茸携着香……

顺着柳荫的湖边走，不由得多了遐思，记起这春日繁花的花语来了。总说，花有花语，玫瑰代表爱情，康乃馨可以表达对妈妈的爱意和祝福，百合代表纯洁等等。每一种花被人们悄悄地赋予它独特的含义，这朵朵娇艳的花有了我们的感情和愿望。又疑惑，玫瑰怎么就能代表爱情了呢？是重重叠叠的花瓣藏着热烈的惶恐吗？还是要说这人间情爱亦如这错综的花

瓣，解也解不清吗？然而浓烈是它们共通的质，胶着成晕晕的红，如女子脸上的红霞，又如男子涨红的脸。

我便想，茶一定也有它的语言，同花一样。其实，早在唐宋，人们不觉已经和茶在对话，又让茶去说他们想说的，这时，茶已有自己的茶语。东坡先生的“从来佳茗似佳人”，茶便是一个美丽的女子，婷婷袅袅，清新而脱俗。还有元稹的“夜后邀陪明月，晨前命对朝霞”，茶又成了他的知己，如胸有千壑的君子。再如，皎然有诗云：“……素瓷雪色飘沫香，何似诸仙琼蕊浆。一饮涤昏寐，情思爽朗满天地；再饮清我神，忽如飞雨洒清尘；三饮便得道，何须苦心破烦恼。此物清高世莫知，世人饮酒多自欺……孰知茶道全尔真，唯有丹丘得如此。”此刻茶寓意清高且有真知。

渐渐每一种茶有了茶语，有了特定的寄情。可能很少人去细解它，然而它一直在，茶语和花语不是很一样，在不同的情境下有一些差异，比如龙井茶，代表名贵和儒雅。龙井自古就是贵族的专享茶，更别说乾隆爷还封了十八棵龙井茶树，盖了御用的龙印。记得曹雪芹也让红楼梦里的黛玉喝着龙井，我想他一来强调黛玉的出生地，二来觉得只有龙井茶可与她相配吧。而儒雅却是因为龙井产地为浙江杭州，杭州可谓是人杰地灵，不仅风景秀美，山水相依，更是人才辈出，自古江南出才子，哪个才子不和西湖有些瓜葛呢，即便不是杭州出生的苏东坡还来杭州一展自己的天才梦，留个苏堤让人念想。读书人心有诗书，手捧龙井，茶也沾了书卷气，自然也有儒雅的风度。不信，看龙井茶叶扁平而有锋，茶味介于浓淡之间，介于天人之间。当然，龙井的香可能也只有细腻、温情的杭州人能得其真味吧。

再说说碧螺春，是鲜嫩而娇贵的代名词。一斤茶需要九万个茶芽才可做出，这茶该是何等的珍贵，再加上康熙爷改了不雅训的“吓煞人香”为“碧螺春”，似乎茶也脱胎换骨了，有了春天的娇嫩和绿意。碧螺春茶细细卷曲成螺蛳状，名字也与此有关，其茶茸很密，泡开后，杯子里如漫天飘絮，如春日的天，不管北方的杨絮还是南方的柳絮总要给我们一大篇春的报告。这杯里杯外的天原本都是一样的，想想，我们也似春日的茶芽，脱下捂了一冬天的厚袄，白嫩嫩的在春天里穿梭，有爱动的，有静立观望的，倒是同样地带着春的气息。

解茶语，怎可不说大红袍。大红袍似在说一个励志的故事，带有喜悦和成功的意味。常常在茶会上问喜欢喝大红袍的人，品到怎样的喜悦，一般意味深长回味的多是中年男子。口重是显而易见的表象，品它的丰富茶味才是目的，然为何喜品这复杂多变的茶味呢，大红袍茶里有焦糖香、木香、花香、淡淡的果香……每一泡又各有各的茶味，是喜欢挑战还是征服，总觉得更多的是品自己。一说，品茶就是品人生，那么品大红袍就是一个例证。

说完武夷山的大红袍，我们飞奔到云南古茶园看看古树普洱。古树普洱生茶，诸如班章古树茶，易武麻黑，南糯古树，冰岛古树等等，近十年也为茶界很多人追捧，不仅因为其香、甜，出神入化的回甘，更多的是它带着一种穿越过来的神秘，身载千年的故事，内蕴千年的茶香，得以品之，应是一种极大的福分和殊荣，把人们的好奇心极大限度地调动起来，探寻古茶树，茶味，原始的村寨。它的茶语便是古老而神秘。喜欢品饮它的人也带着探险的好奇心，若品到古树班章二十五泡后的甜香，辛劳和疲惫早已抛之脑后，留下的是探寻来的欣喜。

差点儿忘了我常喝的白牡丹茶，它的茶语该是自然而淡泊。白牡丹虽有牡丹之名，却无牡丹之艳，有的是淡然而本真的清香，幽幽的花香是在品得草味之后的，给我以回归土地的安定，口中有了芽的沉稳也有叶的欢愉，心里有如愿的满足感，静静地享受当下一寸寸流转的光阴。

才记起，今天原本想说说绿茶，应着暮春的景，说着说着就恨不能把万种茶品数一个遍，品一个遍，解一个遍，怕是几天也说不完的。今天就

顺着茶的类别再给它们戴上茶语之冠，虽不能周全，倒凑一个茶语之闲趣吧。

绿茶，万山萌动的先驱，按捺一冬的绿突围出来，带着憧憬的梦，如春天的一潭水，梦都和花香有关，都和未来有关，清清澈澈，于是，绿茶的茶语便可谓“碧潭清梦”。红茶，似乎有点儿迷醉，有些微醺的红，在一个有慵懒的音乐，一个有软软沙发可以依靠，暖暖的让人不想离开的所在，那么悟得的红茶茶语便是“醉暖迷香”。乌龙茶呢，有南味北味的乌龙味道，有福建、台湾的乌龙香气，这茶语是否有各自的口音和含义呢?闽北的武夷岩茶，浓烈而刚毅，滋味丰富而厚实；闽南的铁观音又兰香袭人，广东的单丛摄人心魄，台湾的乌龙花气四溢，这么多用一句茶语概括便是“月融山色”，各品其味。黄茶，悠悠然，如山中的文士，沉稳不失方寸，细细贴贴，其茶语便是“无声润物”。白茶呢，自然没有雕琢，崇尚的是道法自然的哲学，其茶语便是“天地草魁”。黑茶，踩着浓浓的泥土气息，在森林里行走，而行走的人无不背着它，成了必不可少的饮品，它的茶语必是“行者无疆”。说了六大茶类，似乎忘了茉莉花茶，这款再加工茶，它的地位有些特殊，无论于情于理，都该给它冠一个茶语之名，“痴儿留春”可好呢?

寻老茶，在马来西亚

午后和诸葛在茶韵谷地喝一泡从马来西亚找来的老六堡，一边喝一般赞叹，老六堡的特质和老普洱、老白茶很相似，喝下去感觉很暖，泡过的叶底油黑发亮，且冲泡到没有茶色，依然可以煮三次水，茶味依然。关键一点，是消食极佳。很适合饭后品饮。

记得十多年前，刚扎进马连道这个茶叶的海洋，就常听人说某某老茶是从东南亚那里找来，再问，就说在马来西亚，隐隐觉得那里该是个老茶的宝库。于是借着去新加坡学习的机会，周末飞到吉隆坡去一探究竟，想看看在那里的百年老茶店是怎样的，可有传说中的老茶。

马来西亚的首都吉隆坡说有两条街都有老茶店，可即便早班飞机，到吉隆坡也近中午。打车到苏丹街是午后，街道两边施工，很有亲切感，走路需要小心地找落脚处。这一处的街道很中国，宽度相仿，建筑的色调相似。事实上街道两边的商户建筑和新加坡极相似，因为天气常年炎热，房前多有走廊，遮阳又挡雨。这里的大多门店很古老，似乎还是几百年前的模样，华人面孔多，在这里行走，觉得是在中国的哪个古镇。偶尔跳出来的洋房和教堂提醒我是在马来西亚。这里依然是个复合文化的聚集地，是以马来文化为主的多元种族文化的共处。马来西亚的华人一般会说马来语、华语、英文。马来语和英文是马来西亚人的必修语言，然后各个种族再学自己种族的语言，似乎人人都是语言天才。

关于茶，马来西亚老字号的茶庄很多，由于时间紧张，只能挑一家去一探虚实。直奔网上报道较多的广汇丰茶行有限公司，这家茶叶公司成立于1928年，在马来西亚也很有影响力，掌门人刘俊光是马来西亚的茶叶商会会长，特别说他家的老茶储备丰厚。终于找到汇丰行门店，从门面到店内的摆设，都是百年老店气度，墙上有老照片，古旧的货架和柜子处处流露出岁月感。店内空间很大，光线不太明亮，感觉暗处和明处都堆满了货品，以普洱茶和六堡茶为主，还有一些茶具。心里记挂白茶，找白茶一看，标

注白毫银针的茶其实是绿茶，有些像安吉白茶，后来证实口感又不是，买了一两权当作对比茶品来论。当看到很多老普洱、老六堡茶，实在按捺不住。它们价格不算低，一款90年代的74562散茶，合到人民币近2000元1斤，老六堡价格好一些，也过千元。但这里没有老白茶，有一些中粮的品牌白茶和近几年出的白茶饼，新工艺白茶饼这里也有。看着货架上把绿茶当白毫银针来卖，可见白茶在这里仅仅是个刚入店的新品。这家店下班很早，好像是五点，太阳很高，于是也没细看其他老物件，匆匆买了一些老茶去别处。

离开这家店，附近也有别的茶店，却没有进去的想法，直到看到万年青茶艺中心。这家茶店很新，像现代中国的茶庄，店大约50多平方米，两个茶台，有和老板一起喝茶聊天的茶客，也有售货区。这里倒是有真正的白茶，

2011年的白茶饼，是这家店最老的白茶。店里的茶艺师是个很甜美的女孩，一边给我试喝，一边介绍茶品的特色，热情地介绍白茶的其他茶品，喝了几款，总体茶味很正。这里白茶的香气高扬，茶汤滋味清甜有果香，是白茶该有的滋味。这家下班晚一些，晚7点打烊。女孩很热心告诉我去哪里吃饭。后来挑一家中餐馆补充能量，是在商务书馆补充完精神营养后的休息处。

周末马来茶掠影，初觉这里的茶庄和新加坡还是很不同，这里更接近中国，有古朴的文化特质融在茶店里，即便没有试喝的茶台，进店的感觉还是很放松，没有压力，茶品在你身边也是极亲近，成列未必那么整齐，散乱的感觉在茶店会让人放松。新加坡茶叶的销售有很多类型，首推已经近乎西化的TWG品牌，还有几个类似的西化品牌，老字号的茶庄在新加坡也有，有些类似副食品商店，感觉不到茶的文化，几个货架摆放在店内，客人自行挑选茶商品。极少做得比较中国，茶渊（Tea Chapter）算一个，一层是茶庄（卖茶叶），二层是茶馆（喝茶的地方），配一些素食简餐。以后会有专门介绍新加坡茶的文字。

匆匆走过马来，竟没有时间去喝马来的特色茶——拉茶，有些遗憾，不过，倒是下次再去的借口。

“兔子洞里”的茶

要不是出生在伦敦的Ms.Kay给微信点赞，我一定不会知道朋友特地开车绕了半个狮城带我到登布西山(Dempsey Hill)喝茶的地方源自伦敦一家西餐厅。名曰The White Rabbit(白兔)。

在英国的白兔先生除了有餐厅还有画廊和茶屋（White Rabbit Tea House），茶屋有两个分店，一个在诺丁汉的市中心，一个在西布里奇福德。提供简单的午餐和下午茶。在狮城的The White Rabbit里氤氲着浓浓的西方情韵，主要以水晶玻璃和白瓷作为茶具和餐具。有种人影晃动的恍惚。可能西方人休息的方式是让身心在光影中进入幻境，而很多东方人更愿意禅定。

其后在网上搜得还有一处网红店WHITE RABBIT餐厅在俄罗斯，经常是国人去俄罗斯打卡的地方，但几乎没有提及茶。新加坡这家白兔店似乎介于英国的Tea House和俄罗斯白兔美食之间。据介绍这里确实有很多很不错的美食，然后才是茶。我们到达的时候是下午两点多，午餐的人正渐渐离去，而下午茶时间还没有到，所以点心的品种没有那么丰富。

这是一个由教堂改建成的西餐厅，窗外绿影绰绰，光影透过窗棂恍若在巴黎的教堂，门前有草坪，门后还有一处花园。入口处有写 The Rabbit Hole（兔子洞）的牌子，再通过一个用竹子和灯饰营造成的一个通道 让人如同爱丽丝一样经过神秘通道进入奇幻世界。

说起兔子，东西方文化的解读有很多近似的地方，感情都很复杂。

西方的兔子和东方一样有童话的一面，卡通的一面，也有神性的一面。

最著名的《爱丽丝漫游仙境》的神秘兔子，带着爱丽丝在奇妙的世界里漫游一次。当然西方的文化里可能更多地在讨论野兔(hare)，认为更具有神性，除了“复活兔”，希腊神话、埃及神话里的很多神话人物也与兔子有关联，它也是阿弗洛狄忒化身成的诸多动物之一。更有美国原住民阿尔冈昆人拜“兔神”，他们相信兔子在毁灭世界的洪水到来之后，重新创建了世界。但在很多地方，兔子又被认为是诡计多端。对英国人来说，Rabbit 的形象亦不美，用来指人时，所取喻意同汉语大相径庭：a Rabbit 意为 a person who plays a game badly（蹩脚的运动员——尤指网球运动员）：西方的 rabbit 一出场就显得“窝囊”。问了欧洲的一个朋友，在他的文化里，兔子代表什么样的人性，告之是指那些过分关注他所忙碌的事的人。

再看东方的兔子，除了有中国娃娃的龟兔赛跑故事和大白兔的童谣，详论起来也是有神性的，而且和西方有接轨的迹象。“月兔”是源于佛教里一只舍己救了神明因陀罗的兔子，为了感恩，因陀罗不仅救活了兔子，还把它的形象印在月亮上。在中国、日本和韩国，月兔常常会和食物联系上，日本和韩国，认为月兔在做传统美食，中国认为月兔在为嫦娥捣制药材。但有趣的在符号兔子上，东西方有了一致的想法，又说源于中国丝绸之路跑出去的兔子。三个围着圆圈奔跑的兔子，两只兔子叠成一只耳朵，标志中一共出现了三只耳朵，中央构成一个三角形，而这图案在中世纪的教堂很普遍，代表着平静与祥和。国人把兔子对应成人性，除了认为“动如脱兔”的敏捷，也有不满意的地方，“狡兔三窟”“兔子的尾巴长不了”。纠结如西方人。

兔子无论在西方还是在东方，都有神性和人性的一面，有神性的无我境也有人性的私心和狭隘，这倒让人更觉兔子亲近和可爱。

更多人强调东西方文化差异的时候，我更多的感受到内在的通途。不论外在的形式有多大的差异，如同对兔子的解读，如同兔子先生呈现出来的英式下午茶。但这些并不妨碍茶带给人们恣意的休闲，友好、祥和、宁静、美好是茶送给人们的礼物，无论是西方还是东方。

以茶之名的新西兰之旅
——FORMOSA高尔夫俱乐部品茗会

一次偶然的茶聊，竟是新西兰之行的缘起。欣欣然而往以茶之名。

正月十四深夜从京出发，到奥克兰已是晚上，空旷处有夏末的微凉。在距市区约40分钟车程的FORMOSA GOLF RESORT入住，是久居都市人的极致奢侈。夜晚除了星空和海那边的灯光，静得能听见风的脚步。在屋内拉开窗帘，落地窗让人恍若置身户外，伸手可触星空……

感谢好友海燕的热情，让元宵节有一种特别的温暖，火锅聚会丰盛到目不暇接，在场的朋友们也热情好客，虽在南半球的异国，亦如在家，朋友们热闹闹的聚。

接着茶会现场布置，特别感谢Stephen先生的热情相助，不仅捧出家中藏品陈设，还特地买了十套茶具布席，意在希望到会茶友获得真正的品茗体验。继而发现他超凡的茶室布置才华，仅一顿饭的工夫，让原本空荡荡的会议厅，瞬间成了茶的道场，因几幅中国画的铺衬，一盆花的点缀，一个香插的安放……暗暗赞叹，这诗意的审美不正是茶味的另一种投射吗？原来，这里不仅只有天空下自由的奔跑与飞扬，还有寂静处的沉思，如那晚静静的满月。

十五的月亮总有魅惑的魔力，从黄昏时开始酝酿。围着球场有一些零星的树，很像热带的椰子树，高挑挑的顶着一团繁盛，又如蒲公英被风吹散后落下的幸存。在深深的黄昏里，又像临海观望的思想者，镜头里，是木刻画的焦点。渐渐又被黑夜吞没，渐渐又被月色夺回，月亮在树的臂弯里迷迷地梦着，人也迷幻起来，约一个时辰后月缓缓升腾，离开树影才朗照。

再说说FORMOSA高尔夫俱乐部，一个极具传奇色彩的球场。

FORMOSA源于葡萄牙语，意思是“美丽”，这里的美丽除了一片随势而走又被海轻轻环拢的草坪(球场)，还有50栋别墅、中西合璧的餐厅以及一湾湾嵌在草地上的池塘……

FORMOSA GOLF球场由新西兰高尔夫传奇人物BOB CHARLES依据美国大师赛AUGUSTA国家高尔夫球场的风格建造，于1998年才正式开放。被海环绕的球场别具一番灵动的风景，于是FORMOSA常常成为人们驱车或者坐飞机而来的度假胜地。听接我的朋友说，曾经有一家人，从中国过去，几乎足不出户，十天后，送他们去机场飞回。他有些不解，我却好羡慕他们，有这十天的生命停顿，在庸碌的忙乱中，弥足珍贵。是否我们每天也可以腾出一个小时或者半个小时发呆，静静地看着远处或者盘坐沙发，思想任意游走，眼神涣散若雾，人和周围的树木、桌椅并无差异，心念在呼吸或在远处一个帆影，遥遥地翻过山，走过云，在宇宙间飘摇。等缓过神来，是另一番心境，天地之宽阔，在念想间。

我的茶讲座是到后的第三天（2月20日）上午10:30，大约有40人，多是奥克兰的华人，也有对茶感兴趣的韩国人等。到会的朋友们热情很高，围绕茶的话题讨论热烈，多对茶与养生感兴趣，也有对茶叶冲泡和存储有疑问的，讲座除了茶知识讲授，问题的解答还围绕茶的话题讨论。两小时的茶道讲座涉及的内容有九方面，包括茶叶的历史文化、茶的品类、茶的功效、礼仪等等，蜻蜓点水般做了一下概要讲解。当然，任何一门知识都是一个海洋，茶文化涉及的面更是繁多，一次茶讲座让参会的人开始有了喝茶兴趣是我想要的效果，发现喝茶这件事不仅仅是喝一杯解渴的饮料，而是一件很有趣的事，无论泡茶品茶，还是赏器、养壶，都其乐无穷。很高兴我走后很多人置办了茶具，认认真真地喝茶了！

临离开 FORMOSA, 安排我们游逛 FORMOAS 高尔夫球场，开球场电动车，缓缓地前行，有草香的风吹拂在脸上，阳光正好，心情晴朗。过程中曾停在一个池塘边，远远地看见一位老先生开着球场专用车缓缓驶来，不急不慌地停下车，拿出一个球和一支球杆，放置，瞄准，试杆，开杆，球飞过池塘，到了别处，他又开着车去找那只飞越池塘的小球。只说品茶、品香为慢生活的典范，可曾想追一个小球的孜孜不倦，任太阳在头顶画弧线，树影在身旁移转，一天的光阴被球场的小车缓缓卷起……如此悠悠与时光为伴该是另一种慢生活的诠释。

离开FORMOSA是中午，路上的风景一样的天地云低，房屋多是平铺的模样，看着窗外，随口念出：茅檐低小，溪上青青草……

以茶之名的新西兰之旅
——喝一杯Zealong茶

没有出发前就听说Zealong是新西兰唯一的茶园，号称生产的茶为“世界上最纯净的茶”，创始人系来自台湾的陈俊维先生。他于1996开创茶园，以乌龙茶为主，已经有20多年的历史。在怀卡托地区的汉密尔顿Gordonton，中文叫玺龙茶园。茶园内提供餐点和下午茶。

任何创业都不易，据介绍当年1500株茶树苗通过海关后只剩下130株存活，而现在有百万株茶树，占地48公顷。

慕名而往，从奥克兰市区出发大约近2个小时的车程，我们到达时恰逢午餐时间，需要等号，正好在附近茶园观光。没有走出屋子就会看见各国名人光顾的身影，无需详细介绍，大家一看就知，为茶而来的人果然不少。

茶作为三大饮品，似乎含蓄人类情愫要比其他两类多很多。且不说中国的茶叶史从另外一个层面看似乎是中国历史折射出的一个维度，更有品饮方式的变迁，文人的牵绊，诗词的咏诵。再有日本干脆把茶端端地捧到需要顶礼膜拜的哲学讲台，一碗茶的道需一辈子去悟，专门的茶道服、轻挪碎步、反复拭擦、凝神点茶，捧着半碗饱满而厚实的茶汤，如同看到秋天的硕果，品到苦涩，又品到丰饶的幸福，还有很多的滋味含在其中，品的人自得其味。然西方的下午茶和东方品茶的态度很不一样，他们对待茶总有边缘感，也许是舶来的缘故，借由茶而聚，尊为贵宾，然而永远是身边的一个如同咖啡的饮品，绝不会因茶而寄情，更不会把茶放在道的层面。

这里的茶是西式的表达，但我能品到东方的滋味。

Zealong布局大体是茶餐厅和厂房在茶园的尽头，各守一方，在餐厅的露台就可以俯瞰茶园。这里正值夏末，茶还在养护中。看上去茶园并没有那么高壮而繁盛，茶株间距比较大，在阳光下有渔民的光泽，色泽深沉的绿翻着光，如同渔民的额头和肩背。总说一方水土养一方人，其实万物也是一样，比如茶叶，地里探出来的精灵，有着天生的灵气，怎能不带着当地风土的气息。抿一口红茶，证实了自己的判断。用这里鲜叶制作的红茶，汤感硬朗，纹理清晰，有天空晴朗之感，明明白白的海边眺望，全然没有以前喝的红茶汤里的缠绵悱恻，说不清的千转柔肠，含在口中，绵柔香糯，配着小野丽莎的声音和昏黄的灯光，一碟精致的甜点，慵懒下午茶的常态。

这里的餐食是西式的，不很复杂，多是西式简餐类，不过同时还可以点下午茶，配上一个标准的五彩甜点塔。在英式下午茶中，甜点的角色尤其重要。经典的传统下午茶点心会摆放于三层的银色托盘中，最下层是咸味的手指三明治（Finger Sandwiches），中间层是经典的英式松饼—司康（Scone）配凝脂奶油（Clotted Cream）和果酱，最上层是甜品蛋糕(海绵蛋糕、水果塔、油酥点心等），至于马卡龙、纸杯蛋糕等流行元素，不属于传统英式下午茶点心，但出于需求，现也可以在下午茶时段食用。这里的甜点做得很精致，口味也不错，配上乌龙茶和红茶，有英伦的惬意。这里的乌龙茶总体茶汤也会比台湾本土的乌龙茶口感硬朗分明些，似乎茶融在水中还存了自己的个性，棱角分明的样子，所以喝进嘴里，乌龙茶的香气滋味比较突出明朗，如同水中礁石的脊背，此刻泡茶的水是缝隙里围观的群众，如此滋味分明的茶水也是很难品到，无论如何，茶味如红茶般的清朗爽直。

看着眼前美丽的甜点塔，需要说说它的吃法，传统的吃法是从下往上，从咸到甜。从三明治吃起，直接用手拿着吃即可，一般不使用刀叉。司康饼因为比较松软，所以不能用刀切，也不能像吃汉堡一样抱着啃，正确的吃法是：直接用手掰成两半，然后用小勺舀出奶油和果酱抹在司康饼上，直接送进嘴里。

餐桌前，一边喝茶一边说闲话，门窗外的绿影和屋内白色的瓷器相映衬，有一种清新的闲适。回想起一路走来经过的牧场，这里如同镶嵌在中间的一颗芬芳的祖母绿，记录着东方和西方的故事。

驱车回城的路上，一边回味口中的茶香，一边想创业者千里迢迢的茶路，便再也想不起来抱怨路途遥远，默默祈愿这片洁净的茶园更加繁荣更加昌盛。

白茶热点问答

1. 白茶是什么茶?

答:白茶,是中国六大茶类之一的茶,其他五大茶类分别是:绿茶、红茶、黄茶、青茶、黑茶。这些茶类的分类依据是加工工艺不同,白茶的核心加工工艺为:萎凋和干燥。因此,只要依照白茶的加工方法进行加工的茶,都称为白茶。

2. 白茶名字的由来是什么?

答:白茶名字的由来是因为白茶里最名贵的品种白毫银针,其形身披白毫,如银似雪,故而得名。

3. 白茶的产地在哪里?

答:主要产地在福建的福鼎和政和,建阳、松溪产量也不小,这两年有扩大的趋势。福建省内的周边县市,以及江西、湖北、陕西、贵州、广西、云南等全国其他省区的部分县市也已试制生产白茶。

4. 白茶的主要树种有哪些?

答:白茶的主要树种有福鼎大白茶、福鼎大毫茶、政和大白茶、政和大毫茶、福云595号、水仙白。

5. 白茶的主要品种有哪些?

答:主要品种有白毫银针、白牡丹、贡眉、寿眉,外加新工艺白茶。

6. 安吉白茶、溧阳白茶是白茶吗?

答:它们属于绿茶类,是绿茶里的白化茶,因为其加工方法为绿茶杀青加工方法,而非白茶的萎凋干燥,其形貌为白茶,实为绿茶。

7. 喝散茶好还是喝饼茶好？

答：建议银针和牡丹喝散茶，寿眉饼茶和散茶的选择因个人喜好而定。白毫银针和牡丹选用春天的茶青，叶嫩，不适合制作紧压茶。寿眉叶形大，纤维粗老，饼茶、散茶均可。

8. 新工艺白茶和传统工艺白茶哪一个更好？

答：各有特点。新工艺白茶由于制作方法多了揉捻和发酵，茶汤的口感更加醇和，更加温和；而传统工艺的白茶保留茶叶本身的清香，有茶叶的鲜爽度。

9. 老白茶和新白茶，喝哪一个更好呢？

答：按照体质，按照季节来喝。体质偏寒性的建议喝老白茶，偏热性建议喝新白茶；春夏喝新白茶，秋冬喝老白茶。

10. 挑选白茶散茶的窍门有哪些？

答：看干茶颜色是否匀净；闻干茶香是否有杂味；冲泡看汤色是否透亮或油亮；口感是否有生津，茶汤入喉是否顺滑；喝下去，身体是否舒服，比如微微发热，比如有通畅感。

11. 冲泡白茶一定要用沸水吗？

答：不一定。对新白茶适宜用90℃左右的水冲泡，对于老白茶，用沸水冲泡为宜。新白茶，要品它的鲜香，若水温过高，茶叶会有烫熟的熟味，清香损失殆尽。而老白茶，要沸水来醒茶，才能把茶香、茶味激发出来。

12. 家庭存储白茶需要注意什么？

答：关键只要记住四个字：密封、常温。当然也要避光、无异味。

13. 白茶泡饮好，还是煮饮好？

答：建议五年内的散白茶和三年内的饼茶泡饮。五年以上的散茶或者三年以上的饼茶（寿眉）可以先冲泡后煮饮。

14. 政和白茶好还是福鼎白茶好？

答：建议都尝试品饮，找到适合自己的茶。政和白茶茶气足，回甘快；福鼎白茶柔美甘甜。“茶无定味，适者为珍”。

15. 北京、福建、广州哪里存白茶最好?

答：建议白茶存贮在北京和福建。北京存放的白茶干香显著，福建存放的茶味醇厚，广州存的白茶汤色红浓，因天气的因素，容易出现很多人不喜欢的“湿仓味”。

16. 购买白茶一定要购买有品牌的吗?

答：在没有很高的白茶鉴别能力时，建议买有品牌的白茶。总体来说，有品牌的白茶在品质上有一定保证。品牌是一个企业信誉的符号，为企业可持续发展，产品质量相对稳定。再有品牌茶有国家相关部门的检测监督，茶叶质量上有监管。

17. 白茶的明前茶好还是白露茶好?

答：各有优势。明前茶汤厚，甜，毫韵显。白露茶香高扬，口感层次丰富。建议应季购买品尝。“春水秋香”，感受春茶水的清甜，也体会秋茶味的香气。可各买一些品尝，找到自己喜欢的口感。现在很多茶企做拼配紧压茶，把春、秋的茶青进行拼配，这样有了春茶的喉韵和秋茶的高香。

18. 存白茶用什么材质的容器好?

答：如果存少量白茶，建议用白瓷和青瓷罐，或者用泥料好的紫砂罐。在放进白茶之前，要确定容器没有异味，最好用少量茶叶“养”罐，也就是放进少量茶叶吸味，一个星期后取出茶叶丢掉，再放进需要存贮的茶叶。若想存很多茶，也可以用质量好的纸箱存储，当然里面一定要有密封袋防潮、隔异味。

后记（第三版）

第二版修订书出版后，我就离开中国，去新加坡学习，是2018年初的事。学习之余有时间可泡茶馆，品茶，收集白茶相关资料，周末或假期去附近东南亚国家逛茶庄。有些传说中的老字号茶庄果真有很多老茶，不过以陈年的普洱茶和六安茶居多，对于白茶的认知，并不如国内传说的那样，他们似乎还不太分得清安吉白茶和福鼎白茶的差异。传言往往成为一个引发探究的引子，然后去探访亲历，但眼见也未必为实，何况一个没有实据的传闻。

对于茶，尤其需要亲身去感受，去触摸，去看、去品，资料的来源要么是一手收集所得，要么是权威机构发布的数据。对网络时代的漫天信息，筛选真实可信的信息确实不易。由于第三版加了海外白茶的现状，于是顺着白茶的海外之旅，从源头追踪，跟着去海外游历。从福鼎、政和的白茶出口茶企寻源，通过电话采访、信函等方式与茶企交流。十分感谢他们提供资料，在百忙中为我介绍这几年来白茶出口情况，然后联系负责检测的SGS检测项目负责人，她对各国检测要求做了详细介绍，尤其对这两年的标准变化也提出自己的看法和建议。关于海外的白茶市场，我将这两年收集的一手资料做了汇总，不很全面，然而很真实。有些欧洲国家根本就没有白茶的影子，就忽略不提。

现写下这些文字，眼前还晃动着各个国家的茶事图：马来西亚古老街道，正在建设中，好不容易找到想要去的茶庄，店员在太阳很高时就下班，大约下午五点半。外面阳光灿烂，店内光线昏暗，如同走进如王家卫的电影，墙上挂着发黄的清末照片，用着旧式包浆的收银柜，货架上码放着老普洱、老六堡。新加坡的TWG茶店，一个极具西方特色的品牌，无论色彩还是饮茶的方式，然而，这里有传统的中国茶，有纯正的白茶。经常约同学下课一起喝一壶白茶，点一两种现烤的甜点，清爽的白牡丹在白色杯子里呈温情的杏黄色，配上丝丝甜味的糕点，说几句闲话，松软软的下午茶时光旖旎在唇齿间。还喜欢周末大半天泡在新加坡名叫“茶渊”（Tea Chapter）的茶馆，一层茶庄，二层品茶，有简餐，无论一个人还是多人，都是不错的闲聚地。这里的白茶品种很齐全，年份白茶也有，散茶、饼茶都有售卖，白茶品质不错，价格比国内略高，按照新加坡人的收入，还算公道。2019年初去了新西兰做茶会，期间朋友带我去新西兰Zealong茶园品茶，那里没有白茶，以台湾乌龙和红茶为主，加上各种拼配茶。

想想，最欢乐的遇白茶体验是在伦敦Mei Leaf茶店，和Mr.Don夫妇，地道的伦敦人。他们来过福鼎和政和，确切地说走访过很多中国茶产区，对茶的痴迷和研究深度已不是一般发烧友可比。遇见他们也是很幸运，因知道他们世界各国旅行，极少在店里，而我在伦敦时间也有限，结果我到的第二天，他们恰好回英国。我们一起聊白茶，用功夫茶的冲泡方式对比白茶，确实有他乡遇故知的感觉。茶，如同一段音乐、一幅绘画、一首诗歌，和同样热爱，懂得欣赏的人在一起，有一种共鸣的幸福，认为这是彼此的精神滋养，如同诗能带来的心灵营养，绝不是其他补品和药物可以替代的。沉浸在幸福的港湾里，心在飞扬，戴上发现美好的滤镜，而这样的美好那么宽广，超越时空……

喝茶、品茶是幸福时光，写茶也不例外。但天生的惰性和散漫，使得文字亦如秋叶缝隙中落下的日光，并无章法。于是，每一次书稿的呈现，首先要感谢赖春梅编辑前期的敦促和后期繁琐的校对和付印工作，再要感谢为此书图片提供帮助的朋友们。第三版大部分图片由肖焕中老师拍摄，他不辞辛苦四次来茶韵谷拍摄，室外的场景，他不顾室外寒冷，变换角度多维度拍摄，尽可能表现茶具和茶汤之美，在他的镜头里，茶是如此静美。第三版的封面需要特别感谢董晔茶友，她凌晨下飞机，上午9点就在茶韵谷开始拍摄。喜欢她的图片，因其有鲜活的灵魂。再次感谢第一、二版的李福惠老师、摄影师刘兆生、王琦、宋鑫，感谢摄影专家薛冠超老师指导拍摄。对于第三版海外资料的提供，需感谢福鼎市茶办林乃设主任、福鼎市品福茶业进出口有限公司的孙晨晖董事长、福建省政和白牡丹茶业有限公司的黄礼灼董事长、东南白茶的张郑库董事长，还有很多为我提供帮助的朋友们，一并送上我的感激！白茶之路，任重道远，且珍惜杯中香茗，静品。

策　　划：赖春梅

责任编辑：赖春梅

图书在版编目（CIP）数据

第一次品白茶就上手 ：图解版 / 秦梦华著. --3版
. --北京 ：旅游教育出版社，2020.4
（人人学茶）
ISBN 978-7-5637-4072-7

Ⅰ. ①第… Ⅱ. ①秦… Ⅲ. ①茶叶－基本知识 Ⅳ.
①TS272.5

中国版本图书馆CIP数据核字(2020)第037518号

人人学茶

第一次品白茶就上手（图解版）

（第3版）

秦梦华◎著

出版单位	旅游教育出版社
地　　址	北京市朝阳区定福庄南里1号
邮　　编	100024
发行电话	(010) 65778403　65728372　65767462(传真)
本社网址	www.tepcb.com
E-mail	tepfx@163.com
印刷单位	天津雅泽印刷有限公司
经销单位	新华书店
开　　本	710毫米×1000毫米　1/16
印　　张	11.75
字　　数	145千字
版　　次	2020年4月第3版
印　　次	2020年4月第1次印刷
定　　价	52.00元

（图书如有装订差错请与发行部联系）